物理能量转换 世界

图文并茂，具有趣味性、知识性

JIEXISHENMIDIANBO

解析神秘电波

编著◎吴波

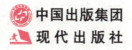
中国出版集团
现代出版社

图书在版编目（CIP）数据

解析神秘电波／吴波编著 . —北京：现代出版社，
2013.1 （2024.12重印）

（物理能量转换世界）

ISBN 978 - 7 - 5143 - 1039 - 9

Ⅰ.①解… Ⅱ.①吴… Ⅲ.①电学 - 青年读物②电学
- 少年读物 Ⅳ.①O441.1 - 49

中国版本图书馆 CIP 数据核字（2012）第 292895 号

解析神秘电波

编　　著	吴　波
责任编辑	刘春荣
出版发行	现代出版社
地　　址	北京市朝阳区安外安华里 504 号
邮政编码	100011
电　　话	010 - 64267325　010 - 64245264（兼传真）
网　　址	www. xdcbs. com
电子信箱	xiandai@ cnpitc. com. cn
印　　刷	唐山富达印务有限公司
开　　本	710mm×1000mm　1/16
印　　张	12
版　　次	2013 年 1 月第 1 版　2024 年 12 月第 4 次印刷
书　　号	ISBN 978 - 7 - 5143 - 1039 - 9
定　　价	57.00 元

前　言

　　电磁波无所不在，从你的身边到浩瀚的宇宙。太空中没有空气，却有电磁波；深海中进不去空气，却进得去电磁波；其实，站在地球上的你，就身处于地球的磁场之中。电磁波，又称电磁波或电磁辐射，肉眼看不见，耳朵听不着。它是能量存在的一种形式，凡是能够释放出能量的物体，都会发出电磁波。

　　电磁波的发现经历了一个漫长的时期。摩擦能产生电，天然磁石能吸铁，这些原始的电磁现象早已为人类所发现。可是，一直到19世20年代，人们才开始逐步找到电与磁之间的关系。1820年，丹麦物理学家奥斯特发现，当导线中有电流流过时，放在它附近的磁针会发生偏转；学徒出身的英国物理学家法拉第明确指出，奥斯特的实验说明了电能生磁。他还通过艰苦的实验，发现了导线在磁场中运动时会产生电流，这就是所谓的"电磁感应"现象。著名的科学家麦克斯韦用数学公式表达了法拉第等人的成果，而且把法拉第的电磁感应理论推广到了空间，认为在变化磁场的周围，能产生变化的电场，如此推演下去，交替变化的电磁场就会像水波一样向远处传播。于是，麦克斯韦在人类历史上首先预言了电磁波的存在。那么，又是谁证实了电磁波的存在呢？这个人就德国青年物理学家赫兹。赫兹通过实验验证了麦克斯韦的预言，电磁波的确存在，它就像我们身边的桌椅一样是实实在在的。

　　赫兹的发现具有划时代的意义，它不但证明了麦克斯韦理论的正确性，更重要的是导致了无线电的诞生，开辟了电子技术的新纪元，标志着从"有线电通信"向"无线电通信"的转折点。各国的学者纷纷开始研究如何利用电磁波作为无线传输信息的工具。1894 年，电磁波进入了通信领域，开创了无线通信的新时代。

随着马可尼发明无线电通信，人们对于电磁波的应用渐渐广泛起来。不仅应用于军事领域中，更方便了人们的日常生活，譬如早期的收音机、电视、广播等等，到后来的电子计算机，丰富了我们的世界，开拓了我们的视野。

现代工业的不断进步和现代科学技术的飞速发展，推动着各种家用电器和电子设备的广泛应用。一方面为人们的工作、学习和生活带来了极大的便利，同时也给人们的身体健康带来了隐患。

科学证明，这些家用电器和电子设备在使用过程中，都会不同程度地产生不同频率的电磁波。这些电磁波无色无味，看不见、摸不着，且穿透力强，令人防不胜防。它们已经成为一种新的污染源，悄悄地侵蚀着人们的机体，影响着人们的健康，引发各种各样的疾病。在加强电磁防护的同时，对电磁波污染问题也应采取科学的态度，客观分析、严肃对待，切不可人云亦云，不负责任地盲目夸大，造成人们认识的混乱。

在本书中，我们用通俗、流畅的语言，图文并茂，把看不见、摸不着的神秘电磁波，生动地呈现在你的眼前。

目 录

认识电磁波
RENSHI DIANCIBO

　　在神奇的电世界里，电磁波起着巨大的作用，它为人类做了数不清的好事。电磁波围绕在我们的周围，但我们也并不察觉电磁波的存在，就好像人们生活在空气中，眼前却看不到空气那样。电磁波不需要依靠介质传播，各种电磁波在真空中速度固定，速度为光速。

　　在这个世界上，只要是本身温度大于绝对零度的物体，都可以产生电磁辐射，而世界上并不存在温度等于或低于绝对零度的物体。因此，人们周边所有的物体时刻都在进行电磁辐射。但是，只有处于可见光频域以内的电磁波，才是可以被人们看到的。

　　电磁波分很多种，按照频率分类，从低频到高频，包括无线电磁波、微波、红外线、可见光、紫外线、X射线和γ射线等等。人眼可接收到的电磁辐射，波长大约在380～780纳米之间，称为可见光。

什么是电

　　电是能的一种形式，包括负电和正电两类，它们分别由电子和质子组成，也可能由电子和正电子组成，通常以静电单位（如静电库仑）或电磁单位

（如库仑）度量，从摩擦生电所致的物体的吸引和排斥上可以观察到它的存在，在一定自然现象中（如闪电或极光）也能观察到它，通常以电流的形式得到利用。

摩擦生电

电是一种自然现象。电是像电子和质子这样的亚原子粒子之间的产生排斥和吸引力的一种属性。它是自然界4种基本相互作用之一。电或电荷有两种：我们把一种叫做正电，另一种叫负电。通过实验我们发现带电物体同性相斥、异性相吸，吸引或排斥力遵从库仑定律。

国际上规定：丝绸摩擦过的玻璃棒带正电荷；毛皮摩擦过的橡胶棒带负电荷。

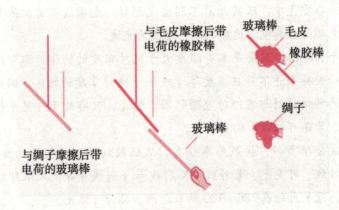

与毛皮摩擦后带电荷的橡胶棒

玻璃棒　毛皮

橡胶棒

绸子

玻璃棒

与绸子摩擦后带电荷的玻璃棒

电荷相互作用

电不能制造，只能转化。要说电不能制造，小朋友们会觉得奇怪，老师在讲常识课时，不是用玻璃棒和头发互相摩擦就起电了吗？再说点亮电灯的电是哪里来的呢？

世界上的物体，比如水、树木甚至人体里都有电，但是电是无法制造的。以前有这么一个人，他想用人体与物体相撞的办法试一试电是怎么回事，于是就用头去碰一根柱子，碰得眼里直冒金星，他以为这就是电的现象，便使劲碰，最后碰休克了。这是一件很滑稽的事，实际上头碰得再厉害，也感受不到电。

我们所说的起电是使物体带电的过程，这里所说的"电"也叫"电荷"，"带电"和"带电荷"是一个意思，在习惯上把带电的微粒叫电荷。

电能跑多快？

有人说："孙悟空一个筋斗就能翻出去十万八千里。"我们还是用老办法——先算算账。

十万八千里等于 5.4 万千米，算它是 6 万千米吧。翻一个筋斗大约要 1 秒钟，那就是说，孙悟空 1 秒钟能"走"6 万千米。这算得了什么？由高频电流产生的电磁波 1 秒钟能走 30 万千米，等于孙悟空的 5 倍。你信不信？

在输电线路中，电子做定向有序流动时，电子的迁移速度称为"电子漂移速度"。可以这样理解，好比有一根管子，里面装满黄豆后，再从一头塞进去一粒黄豆，另一头马上就出来一粒，这相当于电流传播速度；而你单独看管子里的某一粒豆时，它的移动速度是很小的。光的传播速度就是光子的移动速度，而电的传播速度是指电场的传播速度（也有人说是电信号的传播速度，其实是一样的），不是电子的移动速度。导线中的电子每秒能移动几米（宏观速度）就已经是很高的速度了。电场的传播速度非常快，在真空中，这个速度等于光速。"电"的传播过程大致是这样的：电路接通以前，金属导线中虽然各处都有自由电子，但导线内并无电场，整个导线处于静电平衡状态，自由电子只做无规则的热运动而没有定向运动，当然导线中也没有电流。当电路一接通，电场就会把场源变化的信息，以大约光速的速度传播出去，使电路各处的导线中迅速建立起电场，电场推动当地的自由电子做漂移运动，形成电流。那种认为开关接通后，自由电子从电源出发，以漂移速度定向运动，到达电灯之后，灯才能亮，完全是对电的这种本领的误解。

▶▶ 知识点

静电现象

在日常生活中，我们用梳子在梳头的时候，常常会发现毛发在静电场力的作用下形成射线状。我们在每天夜晚脱衣服的时候，也常常会发现一种闪光效应和噼里啪啦的声响。有时，我们在触摸猫或狗的皮毛时，你会受到微量的"电击"。还有，你用梳子梳一下你的头发，你就可以将碎纸屑吸引起来，这就是我们常说的"电"现象。有很多种物体在运动中，都可生成两边的端点带有正负电荷的电场效应，当电荷量聚集达到数万伏的高压时，它就会向四周的其他物体产生电荷放电，这就是物体的摩擦起电状态。

静电现象是由点电荷彼此相互作用的静电力产生的。在氢原子内，电子与质子彼此相互作用的静电力远大于万有引力，静电力的数量级大约是万有引力的数量级的40倍。

静电现象包括许多大自然例子，像塑料袋与手之间的吸引、似乎是自发性的谷仓爆炸、在制造过程中电子元件的损毁、复印机的工作原理等等。当一个物体的表面接触到其他表面时，电荷集结于这物体表面成为静电。虽然电荷交换是因为两个表面的接触和分开而产生的，只有当其中一个表面的电阻很高时，电流变得很小，电荷交换的效应才会被注意到。因为，电荷会被陷于那个表面，在那里度过很长一段时间，足够让这个效应被观察到的一段时间。

延伸阅读

摩擦起电机的发明

古希腊著名诗人荷马所著的史诗《奥德赛》中记载有这样一个故事：福尼希亚商人将琥珀项链献给西拉女王。人们发现琥珀经摩擦会发出光，并吸引纸屑，感到十分神奇，就视琥珀为珍宝。这是关于静电的最早记载。人们正是从静电这一现象入手，开始将电作为一门科学来研究的。

人工简单摩擦起电来使物体带电是很有局限性的，要对电现象做进一步研究，必须用有效的方法来获得较多的电荷及电流。

大约在1660年，德国的一位酿酒商和工程师格里凯（1622—1686）发明了第一台能产生大量电荷的摩擦起电机。他用一个球状玻璃瓶盛满粉末状的硫黄，用火烧玻璃瓶直至硫黄全部熔化，等其冷却下来硫黄呈球状，再将玻璃瓶打掉，在硫黄球上钻一孔并将其支在一根轴上，使硫黄球可以自由转动。格里凯在 1672 年描述了这架仪器的构造及其使用情况。起电时，他用一只手握住手柄摇，使硫黄球不停地转动，另一只手紧贴在硫黄球面上摩擦，结果使人体和硫黄球带上了电荷。格里凯还发现由摩擦而生的电可以通过一支金属杆传给其他物体；有时候，即使带电体没有与一个不带电物体接触，只要接近到足够近的程度，就可以使该物体带电，这就是我们现在称为的感应起电现象。1709年，德国人豪克斯比（1688—1763）制造了一台用抽去空气的玻璃球代替硫黄球的起电机，并在实验中发现，玻璃球由摩擦带电时，产生了类似磷光的现象。1750 年还有人用巨大的飞轮带动很大的玻璃柱转动，通过皮带与玻璃柱摩擦起电。这种基于摩擦起电原理的起电机，已经不再是简单地摩擦一些材料令其起电，而是不断获得改进的摩擦起电机，在实验中起了重要作用。一直到19 世纪，才由效率高得多的感应起电机所代替。

克莱斯特于 1645 年也发现盛水的瓶中插入导体通电，瓶子能贮电。在德国就把有贮电性的瓶子叫克莱斯特瓶。

当时所进行的电实验表演中，有用莱顿瓶作火花放电杀老鼠的表演，有用电火花点酒精和火药的表演。其中最为壮观的一次表演是诺莱特在巴黎一座大教堂前做的，诺莱特邀请了法王路易十五的皇室成员临场观看，他让 700 个修道士手拉手站成一行，形成长达近 300 米的队伍，然后让排头的修道士用手握住莱顿瓶，让排尾的修道士用手握莱顿瓶的引线（引线另一端插入瓶内水中），准备就绪后，诺莱特令人用起电机通过引线向莱顿瓶送电。瞬间，700名修道士因受电击同时跳了起来，在场观众无不为之目瞪口呆，诺莱特以事实表明了电的威力。1746 年英国物理学家考林森通过邮寄向美国费城的本杰明·富兰克林（1706—1790）赠送了一只莱顿瓶，并介绍了使用方法。富兰克林对此极有兴趣，用这只莱顿瓶进行了一系列实验，对电的本质及电现象的规律开始了一系列深入的研究，得到了许多重要成果。

什么是电磁波

电磁波，也称电磁波或电磁辐射，从科学的角度来说，电磁波是能量的一种，凡是能够放出能量的物体，都会发出电磁波。电与磁可说是一体两面，变动的电会产生磁，变动的磁则会产生电。电磁的变动就如同微风轻拂水面产生水波一般，因此被称为电磁波，而其每秒钟变动的次数便是频率。

水 波

当电磁波频率低时，主要是由有形的导电体才能传递；当频率逐渐提高时，电磁波就会外溢到导体之外，不需要介质也能向外传递能量，这就是一种辐射。举例来说，太阳与地球之间的距离非常遥远，但在户外时，我们仍然能感受到和煦阳光的光与热，这就好比是"电磁辐射藉由辐射现象传递能量"的原理一样。

电磁辐射是传递能量的一种方式，辐射种类可分为3种：

1. 游离辐射。

2. 有热效应的非游离辐射。

3. 无热效应的非游离辐射。

当高能量电磁波把能量传给其他物质时，有可能撞出该物质内原子、分子的电子，使物质内充满带电离子，这种效应称为"游离化"，而造成这种游离化现象的电磁波就称为游离辐射，包括γ射线、X射线、紫外线等。进入可见光频率以内的电磁波及红外线均无法造成游离化效应，称为非游离辐射。这里必须澄清一个概念，辐射伤害是指游离辐射（游离辐射会与身体内的物质抢夺电荷，产生离子破坏生理组织），非游离辐射则不具游离化能力，不会产生有害人体的自由化离子，大量非游离电磁波只会造成温热效应。

这就好像做日光浴或站在灯泡下方一般，只要不在短期内传太多能量给人体，生理组织就能加以调控，所以在安全范围内长期接受非游离电磁波，并不会产生累积性伤害。

光波和X射线都属电磁波。电磁波是一系列的横波：它由两种垂直的横波构成，其中一个组成部分是一个振动的电场，而另一个部分是相对应的磁场。

所有的电磁波都以光速进行传播，每种电磁波能用它们的频率或波长来表示。电磁波与其他横波决定性的区别在于它们传播时并不需要类似空气、水或者钢铁这样的媒介物。无线电波、γ射线和可见光波都能在真空中传播。

电磁波是怎样产生的呢？

电磁波是由原子中运动的电荷产生的，这些运动的电荷产生一个电场，同时产生一个对应的磁场。来自运动电子的能量辐射到（不需要是均匀的）电子周围的区域。

什么是电磁波谱？

电磁波谱把电磁波按照频率从低到高的顺序编列成表。光谱从频率最低的无线电磁波一直排列到频率非常高的γ射线。在电磁光谱中间的一小部分包含了可见光的频率。

我们日常生活中会接触什么样的电磁波？

我们的生活环境中，"电"和"磁"的现象无所不在，除了大自然的太阳光和闪电外，举凡各种电器产

磁　场

品，如电视、微波炉、电灯泡、计算机等，甚至广播电台、电视台、业余无线电台、警用无线电台或卫星通信等的无线电磁波，都存在于我们的生活环境中。

电磁波分很多种，比如红外线、紫外线、γ射线、可见光等等，这些都有

什么区别呢？如何去理解呢？变化电磁场在空间的传播与弹性波不同，电磁波的传播并不依赖任何弹性媒质，它靠的是电磁场的内在联系和相互依存，即变化的磁场激发有旋电场、变化的电场（位移电流）激发磁场，因此，电磁波在真空中也能传播。

电磁波的传播速度等于光速，光就是一种电磁波。无线电磁波、红外线、可见光、紫外线、X射线、γ射线等构成了不同频率和波长的电磁波谱。电磁波的传播伴随着能量和动量的传播，这不仅是电磁波的重要性质，也为电磁场的物质性提供了证据。电磁波是横波，其电矢量、磁矢量和传播方向构成右手螺旋。作为一种波动，电磁波有自身的反射、折射、散射以及干涉、衍射、偏振等现象。电磁波及其一系列性质是麦克斯韦电磁场理论的预言，已为包括赫兹实验在内的大量实验所证实。它们的区别就是波长和频率不同。

知识点

电磁波就是无线电磁波吗

可以说是的，也可以说不只是。

电磁波可以由多种方式产生，特性和所起的作用各不相同，但都有一定的波长和频率，如按波长从短到长来看，一般是γ射线、X射线、紫外线、可见光、红外线、无线电磁波。其中，可以用肉眼觉察到的常称作"光波"；可以使用天线辐射能量的称作"电磁波"。我们常用的无线电磁波只是电磁波的一种，常见的灯光、烛光、激光等也都是电磁波，X射线、γ射线等也是电磁波。电磁波虽然手摸不到，但在自然界里普遍存在，是一种具有质量、动量和能量的物质，只不过存在的形式不同而已。

延伸阅读

电磁波的"身长"

我们先拿根绳子来做个试验，抓住绳子的一端，把它的另一端钉在墙上，然后急剧地把手抖动起来，瞧瞧吧，你看到了什么？

这时候你会很清楚地看到一个一凹一凸的波浪，迅速地向前面传去。抖得越快，凹部与凹部之间的距离就隔得越近。

像这种波浪形成的时候，两个相邻的凹部或者凸部之间的距离，就是波的"身长"。人们把它叫做"波长"。

电磁波也是这样，在它传播的时候，也有个波长。正像绳子抖得越快，绳子上的波长就越短一样，当电路里电荷来回地奔走越快的时候，电磁振荡的频率也就越高，那么，它的波长就越短。反过来说，振荡的频率越低，它的波长就越长。

电磁波的波长，最长的有 3 万米，最短的只有 1 米的几万分之一。万米波的"个儿"确实是很长的了，人们把它叫做"甚长波"。依此类推，千米波就是"长波"，百米波是"中波"，十米波是"短波"，米波就是"超短波"。波长在 1 米以下的分米波、厘米波、毫米波，以及波长比毫米更短的亚毫米波，总起来叫做"微波"。

波长不同的电磁波，它们的脾气也大不相同，长的比较会转弯抹角，能沿着地面跑一段距离。可是地面会吸收掉它的一部分能量，所以如果要让它跑得远些，就要大大增加发射它的电力。短的波只会向前直闯，在地面上几次东碰西撞之后，它就无影无踪地消失了。

这样看来，沿着地面上跑的主要是长波。那么向天空奔去的那一路又怎样呢？天空的情况可就更复杂了。

据说有一年，罗马近郊的一座城镇失了火，大火烧坏了和城市相连的电话线，看来已经没有希望请求城里的消防队援助了，可是不知是谁竟用无线电向空中发出了呼救，电磁波传到了丹麦的哥本哈根，哥本哈根的人立刻再用无线电告诉罗马。这样，罗马城边的事情竟在地球上兜了老大的一个圈子，才又传到罗马。奇怪的是近在咫尺的城里，却没有一个人直接收到呼救的无线电信号！

问题的原因在哪里呢？这就是因为天波的传播有着它自己独特规律的缘故。谁都知道，包着地球的是厚厚的一层空气，越往上去，空气越稀薄，但是即使到了几百千米的高空，空气可还存在着。地球周围的空气，经过阳光一晒，在紫外线的作用下，就变成了带有电荷的气体，这种现象，叫做"电离"。越接近地面，空气的密度越大，正电荷跟负电荷发生碰撞的机会就越多，它们很快地又会自动中和，所以越接近地面，电离的程度越弱，特别到了晚上太阳下山之后，低空的电离就很微弱了。在几百千米的高空，那儿空气很稀薄，正、负电荷很难得有机会相遇，所以电离的情况在日落之后仍然保持着。

这种电离的空气层，叫做"电离层"。根据电离程度的不同，人们把它分作4层，最低的一层从离开地面30千米开始，一直到80千米为止，最高的一层大约在离开地面280～400千米的地方。电离层有一个古怪的脾气，它会吸收电磁波。波长愈长的电磁波，愈容易被它"吃掉"。当然多少总有一部分电磁波，虎口余生地逃回来，这就是被反射回来的天波。

所以难怪中午的时候，收音机里很难听到远处的长波、中波的电台。因为这时候烈日当空，连离开地面最近的那一层也强烈地电离了，它大口大口地"吞没"着长波和中波，因此就只有一点微弱的电磁波反射回地面来。等太阳下山，离地较近的电离层逐渐消失，长波和中波的较大部分能够被反射到地面，于是天空中又活跃起来。因此，我们在晚上就能听到比较多的电台。短波却不同，它不容易被电离层吃掉，因此从天空中反射回来之后，就像个皮球一样，又从地面跳起，这样连续几跳之后，就传播了很远的距离。功率不大的短波电台，正是由于这个缘故，才传到了比长波要远得多的地方。从罗马城郊发出的求救信号，显然用的是短波。所以哥本哈根听见了，罗马却没有人知道。

但是，波长很短的电磁波，往往会从不同的电离层上反射回来，再经过一跳再跳，才传到某个地方。由于电磁波经过了不同的传播途径，所以时而彼此加强，使短波台的声音响亮一些，时而相互抵消，声音就弱一点。这种像潮水般时涨时落的现象，要求人们根据季节、日夜和地理环境，去选用最合适的波长。超短波和微波，因为它们的波长更短了，电离层对它们的影响也就更小，所以常常是径直地穿入到电离层中，再也不回到它的老家——地球上来。在这种情况下，能够用来为我们传递消息的超短波和微波，只是在地面大气层中笔直传播的那一部分空间波。由于这个缘故，为了让它传得远些，就得把天线架得高些，甚至不断地在中途给它"接力"。

由此可见，不同波长的电磁波，是选择不同的途径去远方旅行的。当然，世界上一切事情都不是绝对的，所以天波、地波、直射波、反射波也往往一起出现，而且白天、黑夜，春、夏、秋、冬，经度、纬度，黑子、磁暴，都无不对大气层、电离层产生着影响。因此电磁波的传播也是一个发人深思的问题。

波的内涵

在丰富多彩的自然界中，除了电磁波以外，还有水波、光波、声波、地震波……这些波有的看不到，有的听不见，有的摸不着，但是有许多共同的特点。因此，我们在认识电磁波之前，首先来了解波。

波是一种很平常的物理现象。有些波是可以看见的，我们都看见过。在随便哪一个湖泊水塘里，你都可以看到波的现象：一阵风吹过水面，水面上立刻会掀起一层一层波浪，顺着风向前进。仔细研究起来，这种常见的水波，包含着非常丰富的学问。

从很早的时候起，人类就注意观察水波了。15世纪，意大利的著名画家、雕刻家、建筑师达·芬奇，在观察了水波以后，有过这样的描写："波动的传播要比水快得多，因为常常有这样的情况：波已经离开它产生的地方，水却没有动。这很像风在田野里掀起的麦浪。我们看到，麦浪滚滚地在田野里奔逐，但是麦子仍旧留在原来的地方。"

水波滚滚向前，水却原地不动，这个结论似乎太奇怪了，但是这是正确的。你要是不相信，可以做一个简单的实验：把一个软木塞扔到水塘里，等水面平静了，再扔一块小石子。你会看到水面上掀起一圈套一圈的波纹，一凸一凹，向外扩散，越传越远。可是，水面上的软木塞仍旧在原来的地方，随着水波上下起伏，并没有跟着水波漂到远处去。这就是说，传播开去的是波，不是水。水里起波，而波又不是水，那么，波究竟是什么？

用物理学的术语来说：波是物质运动的一种形式，是振动和能量的传播。小石子落在水里，水面上掀起了水波，软木塞为什么会随着水上下振动呢？这是因为，小石子落下的能量，由水波传到了软木塞上。软木塞为什么只是在原地振动，而不向水波运动的方向移动呢？这是因为小石子的能量是由水的微粒一个挨一个地传递的，微粒本身只做振动。这种传递能量的方式就叫波动，简称波。

你如果再观察得仔细一点，还可以发现：水波是沿着水平面的方向前进的，它的起伏却垂直于水平面。人们把这种起伏方向和传播方向互相垂直的波叫"横波"。不仅水波是横波，用特定的仪器进行观察，可以发现，无线电磁波和光波也都是这样的横波。

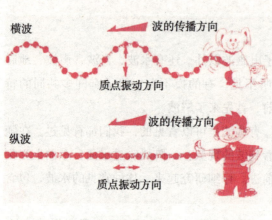

横波与纵波

你也许会问：是不是所有的波都是横波呢？波是能量在没有发生转换的情况下从空间某一点传递到另一点时形成的扰动运动。在媒介物或者物质中的振动形成机械波，机械波从振动点向外传播。例如，一块卵石落入一池水中会在水中产生垂直振动，而波沿着水池的平面水平向外传播。

波的两个主要类别是什么？

横波和纵波是波在物理学领域的两个主要类别。横波可以通过上下抖动线或者绳子产生。虽然线被上下抖动，振动产生的能量从振源垂直传出。纵波中的振动并不与波的传播方向垂直，正相反，振动的方向与波传播的方向是一致的。在媒介物中的纵波彼此相撞并紧贴在一起（压缩）然后又立即相互分离（稀疏）。纵波的最好例子是声波，声波是空气分子的一系列往复的纵向振动，在类似空气或者水这样的媒介物中压缩和稀疏。

▶▶ 知识点 ▶▶▶▶

波的速度

波的速度取决于它在什么介质或物质中传播。当波进入一种新的介质中时，该介质的弹性和密度会引起波速的变化。通常，媒介物越密集越有弹性，波就传播得越快。一旦波在某种特定的媒介物中，那种类型的所有波都会以相同的速度传播。例如，声波在0℃的空气中的传播速度是331米/秒。不管是什么频率的声音都会一直以这个速度进行传播，直到介质发生了变化。

频率、波长与速度之间有什么关系？只要波保持在一种介质中，它的速度将保持不变。既然在这种情况下波速没有改变，那么改变的只能是频率和波长。计算波速的公式是：波速＝频率×波长。

因此，如果波的频率增大了，为了使速度保持不变，波长就必须减小。频率和波长相互成反比。

延伸阅读

电磁波的旅行

电磁波离开了家乡，开始去做远方的旅行。它们分作三路：一路沿着崎岖不平的地面——地波，一路直奔浩瀚无际的太空——天波，另一路在大气层中径直向前，它就是空间波。

沿着地面的电磁波，翻山越岭，有时候遇到了白雪皑皑的群峦，有时候又碰上了矗然直立的建筑物。地波或者越过它们，继续自己遥远的途程；或者耗尽了自己的"体力"，倒了下去，再也没有能力继续前进。

在水面上，辽阔的海洋使地波比在陆地上奔跑时"体力"消耗得少一些，所以，它往往也就传得比较远。

当然，从高高的天线上飞跃而出的电磁波，也有一部分会从地面"弹跳"而起，就像把光线投射到镜子上所发生的现象那样。

最有意思的是，地波的命运还跟它的"身长"有关。不同"身长"的沿着地面传播的电磁波，别人对它的妨碍是不同的。

无线电磁波

尽管收音机常常被用来收听音乐，而实际上被传送到收音机的波是电磁波。

无线电磁波概念图

无线电磁波不是声波，然而在某种情况下，它们将信息传送到收音机而产生声波。一旦天线接收到无线电磁波，收音机内部的电路系统将这种电磁波转换成电信号，电信号发送到扬声器并被转换成我们耳朵能接收到的声波。天线如何能发射和接收无线电磁波、电视信号和无线电信号？天线是如何被用来发射和接收无线电磁波的？

发射天线产生电子振动，振动的电场产生振动的磁场，导致了电磁波的传播。当接收机被调整到一个特定的频率时，无线电磁波在接收天线中感应到一股电流，这股电流被发送到无线电接收机中，并使我们可以听到、看到了。

我们已经知道，无线电磁波是电磁波的一种，人们用它携带着各种信息在空间以波动的形式传播。所有电磁波在真空中的传播速度都一样，都是30万千米/秒。电磁波的特征用频率、波长来表示。频率是指电磁波在1秒钟内波动的次数。单位为"赫"；波长则是指电磁波波动一次在空间传播的距离。容易知道，频率等于速度除以波长。于是波长越长，频率越低。用于通信的无线电磁波根据波长和频率，可分为超长波、长波、中波、短波、超短波、微波等波段（也称频段）。各个波段的无线电磁波组成了一个无线电磁波家族，它们为人类通信作出了各自的贡献。

超长波：水下通信显身手

一般无线电磁波，在空中可以远走千里，到了水下却寸步难行。试验表明，无线电磁波在海水中的衰减是很大的，而且频率越高衰减就越大。由此可见，海底通信用的无线电磁波频率越低越好，也就是说波长越长越好。超长波，也称超低频，频率范围是 30～300 赫，它是无线电磁波中波长很长的一种电磁波，特别适用于水下通信。活动于海面下的潜水艇，选用的通信频率就为 55 赫左右。但超长波的发射天线极其复杂庞大，而且由于频率太低，超长波的容量极为有限。核爆炸时会产生出超长波，所以用超长波天线能够测出在何处进行了核爆炸试验。

长波：老资格的信息载体

长波也称低频，是人们最早使用的通信波段，它已为人类服务了近 100 年。近年来，由于其他波段的通信方法日益成熟，长波通信逐渐被淘汰。然而，许多国家仍然保留着长波通信，因为任何通信系统都有可能出故障或受到意想不到的干扰，只有多样化的通信网，才能保证无论在平时还是在战时信息传输都畅通无阻。

现在许多国家还设有长波导航台，导航台的任务是在各种复杂的条件下，引导舰船和飞机按预定线路航行。著名的长波导航系统——罗兰导航系统，工作频率为 90～110 千赫，现在仍广泛地使用着。

长波通信的另一个重要应用是报时，我国也设有长波报时台。

中波：大众媒介的信息渠道

中波的频率范围在 300～3 000 千赫，这是人们熟悉的波段。国际电信联盟规定 526.5～1 605.2 千赫专供无线电广播用，我们平时就是在这个波段收听中央人民广播电台和本地广播电台的节目。

从理论上说，不同的电台使用的广播频率至少应相隔 20 千赫。全世界有极其众多的中波广播电台，我国每个省及大、中城市都有中波广播电台，有的城市还有多个中波广播电台，所以中波波段似乎远远不能满足需要。好在白天中沿地面只能传输几百千米，再远就收不到了，所以不同城市的中波广播电台即使频率重复也可相安无事。然而在夜里，中波却就可以传得较远，所以在夜间收听中波广播，时常会出现串台现象。

中波波段中的高频端（2 000~3 000 千赫），专供近距离无线电话使用。

短波：欢跳着奔向远方

约在地面 50 千米上空，有一电离层，它是太阳辐射的产物。这一高度的大气层，由于其中的气体分子受到太阳辐射出来的紫外线照射后，产生了大量自由电子和离子，这个过程称为"电离"，故有"电离层"之称。

无线电磁波在电离层的反射

电离层对中波或长波十分"热情"，"来者不拒"，请它们统统留下，而对短波却毫不客气，将它"拒之门外"，于是短波被反射回地面。短波被反射回地面后，又被地面反射回空中。这样，短波就在地面与电离层之间来回跳跃，沿着地球弯曲的表面，把信息传到遥远的地方。短波广播能远距离传送，就是这个道理。

短波通信的特点是设备简单，灵活机动，发射功率无需很大，却能传到很远的地方。它的主要不足之处在于通信不够稳定，原因是电离层经常变化，还有太阳黑子、磁暴等的干扰。

超短波：电视的信使

超短波波长在 1~10 米，故又称为米波，由于频率较高，所以通信容量较大，可以传输大容量的电视信号。我国最初确定的 12 个电视频道在 48.5~92

兆赫和167~223兆赫，每个频道带宽8兆赫。超短波除了用来传送电视信号之外，还有一部分用于高质量的调频广播。调频广播比普通中波广播抗干扰能力要强得多，雷电、电火花等均对其不产生影响，因此，音质特别好。

知识点 ▶▶▶▶▶

声 波

　　声波，是声音的传播形式。声波是一种机械波，由物体（声源）振动产生，声波传播的空间就称为声场。在气体和液体介质中传播时是一种纵波，但在固体介质中传播时可能混有横波。人耳可以听到的声波的频率一般在20赫至20 000赫之间。

　　除了空气，水、金属、木头等弹性介质也都能够传递声波，它们都是声波的良好介质。在真空状态中因为没有任何弹性介质，所以声波就不能传播了。

延伸阅读

电磁波星系

　　电磁波星系和相关的电磁波喧噪类星体和耀变体，都是在无线电磁波长（频率在10兆赫到100兆赫，功率高达10^{38}瓦）上非常明亮的活跃星系。电磁波的辐射来自于同步加速过程，被观测到的电磁波是来自于一对气体喷流的结构和外在的媒介，经由相对论性发光修正的作用后所发射的。电磁波喧噪的活跃星系令人感兴趣的不仅是星系本身，还因为它们可以在遥远的距离外被观测到，可以作为观测宇宙可贵的工具。最近，有很多工作有效地从这些星系际介质，特别是星系团，得到了很好的结果。来自电磁波喧噪活跃星系的电磁波发射是同步加速辐射，被预测是非常平滑的、自然的宽带和高度偏振。

这暗示发射电磁波的等离子体包含，至少是有相对论性速度的电子和磁场。因此等离子体必然是中性的，质子或正电子必然是其中的成分之一，但是没有办法从同步加速辐射中直接观察出微粒的种类。而且，没有办法从观测中确定微粒和磁场的能量密度（也就是说，相同的同步加速辐射可以来自强磁场的少数几个电子，也可以是来自弱磁场的大量电子）。它是可能在特定的发射区域内，以给定的发射率，在最低的能量密度下测量出的最低能量状态，但多年来没有特别的理由可以相信在真实状况中，任何地方的能量都在极小能量的附近。一种与同步加速辐射为姐妹程序的是逆康普顿过程，相对论性的电子与四周的光子作用，经由汤姆孙散射提高能量。来自电磁波喧噪源的逆康普顿发射特别重要的结果是 X 射线，因为它只与电子的密度有关（和已经知道的光子密度），对逆康普顿散射的测量允许我们估计粒子和磁场的能量密度（依赖某些模型）。

这可以用来论证是否多数来源的情况都接近于极小值能量的附近。同步加速辐射没有被限制在电磁波的波长范围内：如果电磁波源的粒子能被加速到足够的能量，在红外线、光、紫外线，甚至在 X 射线，也都能检测到在电磁波区域的特性。

但是，后述状况的电子必须获得超过 1 太电子伏的能量，而在通常状态下的磁场，电子很难获得如此高的能量。另外，偏振和连续光谱被用于区别来自其他过程的同步加速辐射。喷流和热点是常见的高频同步加速辐射的来源。在观测上要区别同步加速辐射和逆康普顿辐射是很困难的，幸好在进行的过程中在一些物体上会有一些差异，特别是在 X 射线。在产制相对论粒子的过程，同步加速辐射和逆康普顿辐射都被认为是粒子加速器。费米加速在电磁波喧噪活跃星系中似乎是有效的粒子加速过程。

微　波

微波的传播方式和长波、短波都不一样。长波沿着地面传播，并且具有绕射的能力，同时由于波长较长，地面吸收较慢，所以它能够传得比较远。短波被地面吸收得快，如果让短波沿着地面传播，便传不远，一般只有几十千米。但是，如果把短波射向高空的电离层，再由电离层反射到地面上来，就可以传到 1 000 千米之外的地方去。微波既不能绕射，也不能被电离层反射，而是按直线前进的。大家知道，地面是一个球面，如果接收天线离发射天线比较远，两者之间就好像有一座拱形大桥挡着，直线前进的电磁波以微波的形态就过不去了。所以微波在地球上的直线传播距离比较短，一般只有几十千米。

可是和长波、中波比起来，微波有一个特殊的优点，就是它的频带宽度最大，是长波加短波的频带宽度的 10 万倍，可以容纳非常多的电台频率。有些占用频带较大的无线电技术（例如电视广播），就非用微波传送不可。有没有办法让微波跑得更远呢？例如首都北京传送的电视节目，能不能让全国各地的人都能看到呢？

有！科学家们想出了"接力赛"的办法，就是从北京开始，每隔四五十千米，建立一个微波接力站（又叫"中继站"），它自动地把前一个站的信号接收下来，经过放大、发射，逐个接力，传到祖国各地。微波是指频率为 300 兆赫至 300 吉赫的电磁波，是无线电磁波中一个有限频带的简称，即波长在 1 米（不含 1 米）到 1 毫米之间的电磁波，是分米波、厘米波、毫米波的统称。微波频率比一般的无线电磁波频率高，通常也称为"超高频电磁波"。微波作为一种电磁波也具有波粒二象性，微波量子的能量为 $1.99 \times 10^{-25} \sim 1.99 \times 10^{-22}$ 焦。

微波的基本性质通常呈现为穿透、反射、吸收 3 个特性。对于玻璃、塑料和瓷器，微波几乎是穿越而不被吸收。对于水和食物等就会吸收微波而使自身发热。而对金属类东西，则会反射微波。

一、穿透性

微波比其他用于辐射加热的电磁波，如红外线、远红外线等波长更长，因此具有更好的穿透性。微波透入介质时，由于介质损耗引起的介质温度的升高，使介质材料内部、外部几乎同时加热升温，形成体热源状态，大大缩短了常规加热中的热传导时间，且在条件为介质损耗因数与介质温度呈负相关关系时，物料内外加热均匀一致。

二、选择性加热

物质吸收微波的能力，主要由其介质损耗因数来决定。介质损耗因数大的物质对微波的吸收能力就强，相反，介质损耗因数小的物质吸收微波的能力也弱。由于各物质的损耗因数存在差异，微波加热就表现出选择性加热的特点。物质不同，产生的热效果也不同。水分子属极性分子，介电常数较大，其介质损耗因数也很大，对微波具有强吸收能力。而蛋白质、碳水化合物等的介电常数相对较小，其对微波的吸收能力比水小得多。因此，对于食品来说，含水量的多少对微波加热效果影响很大。

三、热惯性小

微波对介质材料是瞬时加热升温，能耗也很低。另一方面，微波的输出功率随时可调，介质温升可无惰性地随之改变，不存在"余热"现象，极有利于自动控制和连续化生产的需要。

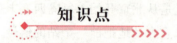

知识点

微波的热效应

微波对生物体的热效应是指由微波引起的生物组织或系统受热而对生物体产生的生理影响。热效应主要是生物体内的极性分子在微波高频电场的作用下反复快速取向转动而摩擦生热；体内离子在微波作用下振动也会将振动能量转化为热量；一般分子也会吸收微波能量后使热运动能量增加。如果生物体组织吸收的微波能量较少，它可借助自身的热调节系统通过血液循环将吸收的微波能量（热量）散发至全身或体外。如果微波功率很强，生物组织吸收的微波能量多于生物体所能散发的能量，则引起该部位体温升高。该部组织温度升高将产生一系列生理反应，如使局部血管扩张，并通过热调节系统使血液循环加速，组织代谢增强，白细胞吞噬作用增强，促进病理产物的吸收和消散等。

延伸阅读

詹姆斯·普雷斯科特·焦耳

詹姆斯·普雷斯科特·焦耳（James Prescott Joule，1818—1889），英国物理学家，出生于曼彻斯特近郊的沙弗特（Salford）。

焦耳没有上过学校，15 岁以前在家自学。因为家业的关系，他自小对酿酒很有兴趣，便在家自学化学及物理学。他在 16 岁时跟着英国物理兼化学家约翰·道尔顿学习。完成学业后，开始经营自家酿酒厂，他希望以电动机代替蒸汽机。他的第一项研究便是寻求改进电动机效率，这使他注意到热量产生的问题。

他的第一篇重要的论文于 1840 年被送到英国皇家学会，其中指出电导体所发出的热量与电流强度、导体电阻和通电时间的关系，此即焦耳定律。1847年，焦耳与英国著名物理学家凯尔文勋爵（Lord Kelvin 即 William Thomson）合作进行能量守恒等问题的研究。1849 年焦耳提出能量守恒与转化定律：能量既不会凭空消失，也不会凭空产生，它只能从一种形式转化成另一种形式，或者从一个物体转移到另一个物体，而能的总量保持不变，奠定了热力学第一定律（能量守恒原理）之基础。

1850 年焦耳当选为英国皇家学会院士。1866 年由于他在热学、热力学和电学方面的贡献，皇家学会授予他最高荣誉的科普利奖章（Copley Medal）。后人为了纪念他，把能量或功的单位命名为"焦耳"，简称"焦"；并用焦耳姓氏的第一个字母"J"来标记热量。

可见光

可见光的波长范围在 770～390 纳米之间。波长不同的电磁波，引起人眼的颜色感觉不同。例如：

770 ~ 622 纳米，感觉为红色；

622 ~ 597 纳米，橙色；

597 ~ 577 纳米，黄色；

577 ~ 492 纳米，绿色；

492 ~ 455 纳米，蓝靛色；

455 ~ 390 纳米，紫色。

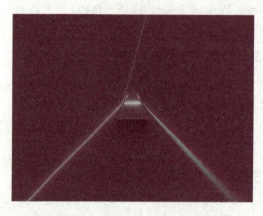

白光通过三棱镜产生色散形成的可见光谱

可见光是电磁波谱中人眼可以感知的部分，可见光谱没有精确的范围；一般人的眼睛可以感知的电磁波的波长在 400 ~ 700 纳米之间，但还有一些人能够感知到波长大约在 380 ~ 780 纳米之间的电磁波。正常视力的人眼对波长约为 555 纳米的电磁波最为敏感，这种电磁波处于光学频谱的绿光区域。

人眼可以看见的光的范围受大气层影响。大气层对于大部分的电磁波辐射来讲都是不透明的，只有可见光波段和其他少数如无线电通讯波段等例外。不少其他生物能看见的光波范围跟人类不一样，例如包括蜜蜂在内的一些昆虫能看见紫外线波段，对于寻找花蜜有很大帮助。

1666 年，英国科学家牛顿第一个揭示了光的性质和颜色的秘密。他用实验说明太阳光是各种颜色的混合光，并发现光的颜色决定于光的波长。通过研究发现色光还具有下列特性：

（1）互补色按一定的比例混合得到白光。如蓝光和黄光混合得到的是白光。同理，青光和橙光混合得到的也是白光；

（2）颜色环上任何一种颜色都可以用其相邻两侧的两种单色光，甚至可以从次近邻

色光加色混合法

的两种单色光混合复制出来。如黄光和红光混合得到橙光。较为典型的是红光和绿光混合成为黄光；

（3）如果在颜色环上选择 3 种独立的单色光，就可以按不同的比例混合成日常生活中可能出现的各种色调。这 3 种单色光称为三原色光。光学中的三原色为红、绿、蓝。这里应注意，颜料的三原色为红、黄、蓝。但是，三原色的选择完全是任意的；

（4）当太阳光照射某物体时，某波长的光被物体吸取了，则物体显示的颜色（反射光）为该色光的补色。如太阳光照射到物体上时，若物体吸收了波长为 400~435 纳米的紫光，则物体呈现黄绿色。

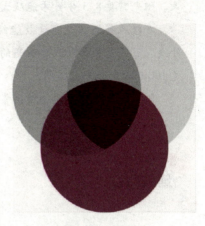

颜料减色混合法

应该注意：有人说物体的颜色是物体吸收了其他色光，反射了这种颜色的光。这种说法是不对的。比如黄绿色的树叶，实际只吸收了波长为 400~435 微米的紫光，显示出的黄绿色是反射的其他色光的混合效果，而不只反射黄绿色光。

知识点

太阳光

太阳光，广义的定义是来自太阳所有频谱的电磁辐射。在地球，阳光显而易见是当太阳在地平线之上，经过地球大气层过滤照射到地球表面的太阳辐射，则称为日光。

当太阳辐射没有被云遮蔽，直接照射时通常被称为阳光，是明亮的光线和辐射热的组合。世界气象组织定义"日照时间"是指一个地区直接接收到的阳光辐照度在每平方米 120 瓦特以上的时间累积。

阳光照射的时间可以使用阳光录影机、全天空辐射计或日射强度计来记录。阳光需要8.3分钟才能从太阳抵达地球。

　　直接照射的阳光亮度效能约有每瓦特93流明的辐射通量，其中包括红外线、可见光和紫外线。明亮的阳光对地球表面上每平方米提供的照度大约是100 000勒克斯或流明。

　　阳光是光合作用的关键因素，对于地球上的生命至关重要。

色盲与色弱

　　色觉是人眼视觉的重要组成部分。色彩的感受与反应是一个充满无穷奥秘的复杂系统，辨色过程中任何环节出了毛病，人眼辨别颜色的能力就会发生障碍，称之为色觉障碍，即色盲或色弱。

　　1875年，在瑞典拉格伦曾发生过一起惨重的火车相撞事故——因为司机是位色盲患者，看错了信号。从那以后，辨色力检查就成为体检中必不可少的项目了。

　　通常，色盲是不能辨别某些颜色或全部颜色，色弱则是指辨别颜色的能力降低。色盲以红绿色盲为多见，红色盲者不能分辨红光，绿色盲者不能感受绿色，这对生活和工作无疑会带来影响。色弱主要是辨色功能低下，比色盲的表现程度轻，也分红色弱、绿色弱等。色弱者，虽然能看到正常人所看到的颜色，但辨认颜色的能力迟缓或很差，在光线较暗时，有的几乎和色盲差不多或表现为色觉疲劳。色盲与色弱以先天性因素为多见。

　　先天性色盲或色弱是遗传性疾病，且与性别有关。临床调查显示，男性色盲占4.9%，女性色盲仅占0.18%，男性患者人数大大超过女性，这是因为色盲遗传基因存在于性染色体的Y染色体上，而且采取伴性隐性遗传方式。通常男性表现为色盲，而女性却为外表正常的色盲基因携带者，因此色盲患者男性多于女性。

少数色觉异常亦见于后天性者，如某些眼底病、青光眼等，这类眼病引起的色觉障碍程度较轻，且随着原发性眼病的恢复而消失，所以多未引起患者的注意。

红外线

红外线是太阳光线中众多不可见光线中的一种，由英国科学家霍胥尔于1800年发现，又称为红外热辐射，他将太阳光用三棱镜分解开，在各种不同颜色的色带位置上放置了温度计，试图测量各种颜色的光的加热效应。结果发现，位于红光外侧的那支温度计升温最快。因此得到结论：太阳光谱中，红光的外侧必定存在看不见的光线，这就是红外线。也可以当作传输之媒介。太阳光谱上红外线的波长大于可见光线，波长为 0.76～1 000 微米。红外线可分为3 部分，即近红外线，波长为 0.76～1.50 微米之间；中红外线，波长为 1.50～6.0 微米之间；远红外线，波长为 6.0～1 000 微米之间。

红外线的物理性质

在光谱中波长 0.76～1 000 微米的一段称为红外线，红外线是不可见光线。所有高于绝对零度（-273℃）的物质都可以产生红外线。现代物理学称之为热射线。医用红外线可分为两类：近红外线与远红外线。

近红外线或称短波红外线，波长 0.76～1.5 微米，穿入人体组织较深，约5～10 毫米；远红外线或称长波红外线，波长 1.5～1 000 微米，多被表层皮肤吸收，穿透组织深度小于 2 毫米。

红外线的生理作用和治疗作用

人体对红外线的反射和吸收：红外线照射体表后，一部分被反射，另一部分被皮肤吸收。皮肤对红外线的反射程度与色素沉着的状况有关，用波长 0.9 微米的红外线照射时，无色素沉着的皮肤反射其能量约60%；而有色素沉着的皮肤反射其能量约40%。长波红外线（波长 1.5 微米以上）照射时，绝大部分被反射和为浅层皮肤组织吸收，穿透皮肤的深度仅达 0.05～2 毫米，因而只能作用到皮肤的表层组织；短波红外线（波长1.5微米以内）以及红色光的近红外线部分透入组织最深，穿透深度可达10毫米，能直接作用到皮肤的血管、淋巴管、神经末梢及其他皮下组织。

红外线红斑：足够强度的红外线照射皮肤时，可出现红外线红斑，停止照射不久红斑即消失。大剂量红外线多次照射皮肤时，可产生褐色大理石样的色素沉着，这与热作用加强了血管壁基底细胞层中黑色素细胞的色素形成有关。

红外线治疗仪

红外线的治疗作用：红外线治疗作用的基础是温热效应。在红外线照射下，组织温度升高，毛细血管扩张，血流加快，物质代谢增强，组织细胞活力及再生能力提高。红外线治疗慢性炎症时，改善血液循环，增加细胞的吞噬功能，消除肿胀，促进炎症消散。红外线可降低神经系统的兴奋性，有镇痛、解除横纹肌和平滑肌痉挛以及促进神经功能恢复等作用。在治疗慢性感染性伤口和慢性溃疡时，改善组织营养，消除肉芽水肿，促进肉芽生长，加快伤口愈合。红外线照射有减少烧伤创面渗出的作用。红外线还经常用于治疗扭挫伤，促进组织肿张和血肿消散以及减轻术后粘连，促进瘢痕软化，减轻瘢痕挛缩等。

红外线对眼的作用：由于眼球含有较多的液体，对红外线吸收较强，因而一定强度的红外线直接照射眼睛时可引起白内障。白内障的产生与短波红外线的作用有关；波长大于15微米的红外线不引起白内障。

光浴对机体的作用：光浴的作用因素是红外线、可见光线和热空气。光浴时，可使较大面积，甚至全身出汗，从而减轻肾脏的负担，并可改善肾脏的血液循环，有利于肾功能的恢复。光浴作用可使血红蛋白、红细胞、中性粒细胞、淋巴细胞、嗜酸粒细胞增加，轻度核左移；加强免疫功能。局部光浴可改善神经和肌肉的血液供应和营养，因而可促进其功能恢复正常。全身光浴可明显地影响体内的代谢过程，增加全身热调节的负担；对自主神经系统和心血管系统也有一定影响。

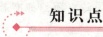

知识点

三棱镜

三棱镜是光学棱镜中的一种，在外观上呈现三角形，是光学棱镜中最常见，也是一般人所熟知的，但并不是最常用到的棱镜。三棱镜最常用于光线的色散，这是将光线分解成为不同的光谱成分。不同波长的光线因为折射率不同，在折射时会偏转不同的角度，便会造成色散的现象。这种效应也被用来对棱镜物质进行高精密度的折射系数测量。

物质的折射系数固然在不同的波长会有所不同，但有些物质的折射系数对波长的变化比其他物质强烈（色散非常明显）。通常，BK7玻璃的色散较低，LaSF11玻璃的色散就很明显，因此更适宜作为色散用的棱镜。

棱镜的顶角能够影响到棱镜色散时的特性。通常，要适当地选择光线射入的角度和射出的角度，当角度接近布儒斯特角（Brewster angle）时，在折射时造成的损耗最小。

夜视仪的应用

红外线能透过云彩、烟雾和微尘，所以摄影家们利用这种看不见的光线，通过用特殊材料配制的软片，能把200千米外的远景摄下来。当把红外线的这些特性应用到电视技术中的时候，就能做成夜视仪了。

现在实际应用的夜视仪由两个部分组成：①光学聚焦系统，用来收集从目标发出的红外线；②观察处理系统，把红外线构成的图像转变成肉眼看得见的荧光屏上的图像。所以，整个夜视仪，实际上就是一套热成像设备，跟我们已经熟悉了的可见光成像和看得见的景物实现电视的道理差不多。

研制这种红外线的电视装置，无论在交通运输或者加强国防方面，都有着重大的意义。可以想象，在夜晚行驶车辆，也许可以不用再点亮车灯，而在我方参谋部的荧光屏上，也许就能看到敌方阵地的全部部署。

紫外线

紫外线是电磁波谱中波长从 0.01 ~ 0.40 微米辐射的总称，不能引起人们的视觉。电磁波谱中波长 0.01 ~ 0.04 微米辐射，即可见光紫端到 X 射线间的辐射。

1801 年德国物理学家里特发现在日光光谱的紫端外侧一段能够使含有溴化银的照相底片感光，因而发现了紫外线的存在。

哈勃望远镜以紫外线拍摄的木星极光

自然界的主要紫外线光源是太阳。太阳光透过大气层时波长短的紫外线为大气层中的臭氧吸收掉。人工的紫外线光源有多种气体的电弧（如低压汞弧、高压汞弧），紫外线有化学作用，能使照相底片感光，荧光作用强，日光灯、各种荧光灯和农业上用来诱杀害虫的黑光灯都是用紫外线激发荧光物质发光的。紫外线还有生理作用，能杀菌、消毒，治疗皮肤病和软骨病等。紫外线的粒子性较强，能使各种金属产生光电效应。

紫外线的分类

紫外线根据波长分为近紫外线 UVA，远紫外线 UVB 和超短紫外线 UVC。

紫外线对人体皮肤的渗透程度是不同的。紫外线的波长愈短，对人类皮肤危害越大。短波紫外线可穿过真皮，中波则可进入真皮。

紫外线的不同波段

人类对自然环境破坏的日益加重，使人们对太阳逐渐恐惧起来。由此人类为防止太阳光线对肌肤造成伤害所进行的研究也成为永恒课题。让我们先来了解一下紫外线的相关知识。

紫外线是位于日光高能区的不可见光线。依据紫外线自身波长的不同，可将紫外线分为 3 个区域。即短波紫外线、中波紫外线和长波紫外线。

短波紫外线：简称 UVC，是波长 200～280 纳米的紫外光线。短波紫外线在经过地球表面同温层时被臭氧层吸收，不能达到地球表面，能对人体产生重要作用（如：皮肤癌患者增加）。因此，对短波紫外线应引起足够的重视（致癌）。

中波紫外线：简称 UVB。是波长 280～320 纳米的紫外线。中波紫外线对人体皮肤有一定的生理作用。此类紫外线的绝大部分被皮肤表皮所吸收，不能进入皮肤内部。但由于其阶能较高，对皮肤可产生强烈的光损伤，被照射部位真皮血管扩张，皮肤可出现红肿、水泡等症状。长久照射皮肤会出现红斑、炎症、皮肤老化，严重者可引起皮肤癌。中波紫外线又被称作紫外线的晒伤（红）段，是应重点预防的紫外线波段。

长波紫外线：简称 UVA。是波长 320～400 纳米的紫外线。长波紫外线对衣物和人体皮肤的穿透性远比中波紫外线要强，可达到真皮深处，并可对表皮部位的黑色素起作用，从而引起皮肤黑色素沉着，使皮肤变黑，起到了防御紫外线，保护皮肤的作用。因而长波紫外线也被称作"晒黑段"。长波紫外线虽不会引起皮肤急性炎症，对皮肤的作用缓慢，但可长期积累，是导致

黑灯荧光管是一般长波紫外线的来源

皮肤老化和严重损害的原因之一（晒黑、老化）。

由此可见，防止紫外线照射给人体造成的皮肤伤害，主要是防止紫外线UVB的照射；而防止 UVA 紫外线，则是为了避免皮肤晒黑。在欧美，人们认为皮肤黝黑是健美的象征，所以反而在化妆品中要添加晒黑剂，而不考虑对长波紫外线的防护。近年来这种观点已有改变，由于认识到长波紫外线对人体可能产生的长期的严重损害，所以人们开始加强对长波紫外线的防护。

近年来，大量化学物质破坏了大气层中的臭氧层，破坏了这道保护人类健康的天然屏障。据国家气象中心提供的报告显示，1979 年以来中国大气臭氧层总量逐年减少，在 20 年间臭氧层减少了 14%。而臭氧层每递减 1%，皮肤癌的发病率就会上升 3%。目前，北京市气象局发布了北京市的紫外线指数，以帮助人们适当预防紫外线辐射。北京市气象局提醒人们当紫外线为最弱（0～2 级）时对人体无太大影响，外出时戴上太阳帽即可；紫外线达到 3～4 级时，外出时除戴上太阳帽外还需备太阳镜，并在身上涂上防晒霜，以避免皮肤受到太阳辐射的伤害；当紫外线强度达到 5～6 级时，外出时必须在阴凉处行走；紫外线达 7～9 级时，在上午 10 时至下午 4 时这段时间最好不要到沙滩场地上晒太阳；当紫外线指数大于等于 10 时，应尽量避免外出，因为此时的紫外线辐射极具伤害性。

知识点

紫外线的强度

紫外线强度分为 5 级：1 级最弱，通常表现为下雨时；2 级较弱，通常表现为阴天；3 级中等，通常表现为多云，偶尔能从云中看见一点太阳；4 级较强，通常表现为晴天；5 级最强，通常表现为天气特别晴朗。

4 月到 9 月是紫外线照射最强的季节；上午 10 时至下午 2 时是紫外线照射最强的时段；正午是紫外线照射高峰。

延伸阅读

阻隔紫外线的 5 种水果

夏天不光天气炎热，强烈的阳光也会给你带来"麻烦"，不光容易被晒黑，如果暴露的时间长了，还容易被晒伤。专家发现，除了使用一些防晒手段以外，对食品"讲究"一些，也能让阳光的"副作用"减少很多。

番茄：这是最好的防晒食物。番茄富含抗氧化剂番茄红素，每天摄入 16 毫克番茄红素可将晒伤的危险系数下降 40%。熟番茄比生吃效果更好。同时吃一些土豆或者胡萝卜会更有效，其中的 β 胡萝卜素能有效阻挡紫外线。

西瓜：西瓜含水量在水果中是首屈一指的，所以特别适合补充人体水分的损失。此外，它还含有多种具有皮肤生理活性的氨基酸，易被皮肤吸收，对面部皮肤的滋润、营养、防晒、增白效果较好。

柠檬：含有丰富维生素 C 的柠檬能够促进新陈代谢、延缓衰老现象、美白淡斑、收细毛孔、软化角质层及令肌肤有光泽。据研究，柠檬能降低皮肤癌发病率，每周只要一勺左右的柠檬汁即可将皮肤癌的发病率降低 30%。

橙子：橙子中含丰富的维生素 C、维生素 P，能增强机体抵抗力，增加毛细血管的弹性，降低血中胆固醇，可防治高血压、动脉硬化，确保夏日里的身体健康。

猕猴桃：猕猴桃含有维生素 C、维生素 E、维生素 K 等多种维生素，属营养和膳食纤维丰富的低脂肪食品，对减肥健美、美容有独特的功效。猕猴桃含有抗氧化物质，能够增强人体的自我免疫功能。

X 射线

X 射线是波长介于紫外线和 γ 射线间的电磁辐射。由德国物理学家伦琴于 1895 年发现，故又称伦琴射线。

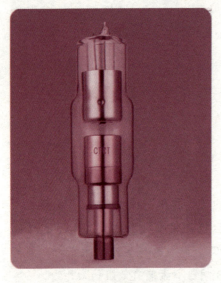

X 射线管

波长小于 1 皮米的称超硬 X 射线，在 1 ~ 10 皮米范围内的称硬 X 射线，10 ~ 100 皮米范围内的称软 X 射线。实验室中 X 射线由 X 射线管产生，X 射线管是具有阴极和阳极的真空管，阴极用钨丝制成，通电后可发射热电子，阳极（亦称靶极）用高熔点金属制成（一般用钨，用于晶体结构分析的 X 射线管还可用铁、铜、镍等材料）。用几万伏至几十万伏的高压加速电子，电子束轰击靶极，X 射线从靶极发出。电子轰击靶极时会产生高温，故靶极必须用水冷却，有时还将靶极设计成转动式的。

X 射线的特点

X 射线的特征是波长非常短，频率很高，其波长约为（20 ~ 0.06）$\times 10^{-8}$ 厘米之间。因此 X 射线必定是由于原子在能量相差悬殊的两个能级之间的跃迁而产生的。所以 X 射线光谱是原子中最靠内层的电子跃迁时发出来的，而可见光谱则是外层的电子跃迁时发射出来的。X 射线在电场和磁场中不偏转，这说明 X 射线是不带电的粒子流，因此能产生干涉、衍射现象。

X 射线谱由连续谱和标识谱两部分组成，标识谱重叠在连续谱背景上，连续谱是由于高速电子受靶极阻挡而产生的轫致辐射，其短波极限 λ_0 由加速电压 V 决定：$\lambda_0 = hc/(eV)$，其中 h 为普朗克常数，e 为电子电量，c 为真空中的光速。标识谱是由一系列线状谱组成，它们是因靶元素内层电子的跃迁而产生，每种元素各有一套特定的标识谱，反映了原子壳层结构。同步辐射源可产生高强度的连续谱 X 射线，现已成为重要的 X 射线源。

X 射线具有很高的穿透本领，能透过许多对可见光不透明的物质，如黑纸、木料等。这种肉眼看不见的射线可以使很多固体材料发生可见的荧光，使照相底片感光以及空气电离等效应，波长越短的 X 射线能量越大，叫做硬 X 射线；波长长的 X 射线能量较低，称为软 X 射线。当在真空中，高速运动的电子轰击金属靶时，靶就放出 X 射线，这就是 X 射线管的工作原理。

X 射线的分类

放出的 X 射线分为两类：

（1）如果被靶阻挡的电子的能量，不越过一定限度时，只发射连续光谱的辐射，这种辐射叫做韧致辐射，连续光谱的性质和靶材料无关。

（2）一种不连续的，它只有几条特殊的线状光谱，这种发射线状光谱的辐射叫做特征辐射，特征光谱和靶材料有关。

知识点

真空管

真空管（Vacuum Tube）是一种电子元件，在电路中控制电子的流动。参与工作的电极被封装在一个真空的容器内（管壁大多为玻璃），因而得名。真空管一般被称为"电子管"；在香港和广东地区，真空管有时又会被称作"胆"。

真空管具有发射电子的阴极（K）和工作时通常加上高压的阳极或称屏极（P）。灯丝（F）是一种极细的金属丝，而电流通过其中，使金属丝产生光和热，而去激发阴极来放射电子。栅极（G）它一定置于阴极与屏极之间。栅极加电压是抑制电子通过栅极的量，所以能够在阴极和阳极之间对电流起到控制作用。

为保持管内的真空状态，真空管中设有一物件，称为除气剂。一般由钡、铝、镁等活泼金属合金制成。在抽出管中空气后，将管中各元件及除气剂加热至红热，这样就可以吸收管内电极所含之气体。利用一围绕管子之高频电磁场而使除气剂迅速升华，除气剂就吸收管子中的气体。在反应过后，玻璃管内壁积存的银色的除气剂披覆层。若把管体的玻璃管打破或漏气时，玻璃管内壁积存银色的除气剂便会退色，同时也表示该真空管已不能使用。

延伸阅读

乌呼鲁卫星

乌呼鲁卫星（Uhuru），原名"X射线探测卫星"、"探险者42号"或"小型天文卫星1号"（SAS-1），是人类历史上第一颗X射线天文卫星，由美国于1970年12月12日在肯尼亚发射升空。发射当天正值肯尼亚独立7周年纪念日，因此得名Uhuru（斯瓦西里语意为"自由"）。

乌呼鲁卫星的运行轨道近地点为520千米，远地点560千米，轨道倾角3°，周期96分钟。卫星上安装了两个相互反向的X射线正比计数器，能段范围为2～20keV，每个探测器接收面积为840平方厘米，用机械准直的方法分别构成0.5°×0.5°、5°×5°的视场，利用卫星周期为10分钟的自转对天空进行了扫描，确定了339个X射线源，包括X射线双星、超新星遗迹、星系团、塞弗特星系等等，还有第一个黑洞候选天体——天鹅座X-1。它还发现了星系团的弥散X射线辐射源。

乌呼鲁卫星于1973年3月停止工作。这颗卫星取得了极大的成功，被认为是X射线天文学发展史上的一座里程碑。

γ 射线

γ射线，又称γ粒子流，中文音译为伽马射线，是波长短于 2×10^{-11} 米的电磁波。首先由法国科学家维拉德发现，是继α、β射线后发现的第三种原子核射线。

γ射线是因核能级间的跃迁而产生，原子核衰变和核反应均可产生γ射线。

γ射线具有比X射线还要强的穿透能力。当γ射线通过物质并与原子相互作用时会产生光电效应、康普顿效应和正负电子对3种效应。原子核释放出的

γ光子与核外电子相碰时，会把全部能量交给电子，使电子电离成为光电子，此即光电效应。由于核外电子壳层出现空位，将产生内层电子的跃迁并发射 X 射线标识谱。高能 γ 光子（＞2 兆电子伏特）的光电效应较弱。γ 光子的能量较高时，除上述光电效应外，还可能与核外电子发生弹性碰撞，γ 光子的能量和运动方向均有改变，从而产生康普顿效应。当 γ 光子的能量大于电子静质量的 2 倍时，由于受原子核的作用而转变成正负电子对，此效应随 γ 光子能量的增高而增强。

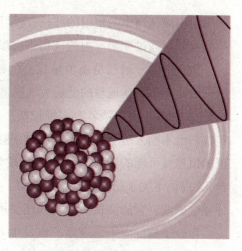

γ射线概念图

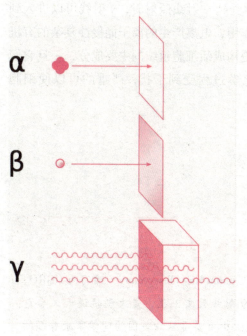

α 粒子相当于氦的原子核可被纸所阻挡，β 粒子相当于电子可被铝箔所阻挡，γ 射线则具有高穿透性

γ 光子不带电，故不能用磁偏转法测出其能量，通常利用 γ 光子造成的上述次级效应间接求出，例如通过测量光电子或正负电子对的能量推算出来。此外还可用 γ 谱仪（利用晶体对 γ 射线的衍射）直接测量 γ 光子的能量。由荧光晶体、光电倍增管和电子仪器组成的闪烁计数器是探测 γ 射线强度的常用仪器。

通过对 γ 射线谱的研究可了解核的能级结构。γ 射线有很强的穿透力，工业中可用来探伤或流水线的自动控制。γ 射线对细胞有杀伤力，医疗上用来治疗肿瘤。

探测 γ 射线有助天文学的研究。当人类观察太空时，看到的为"可见光"，然而电磁波谱的大部分是由不同辐射组成，当中的辐射的波长有较可见光长，亦有较短，大部分单靠肉眼并不能看到。通过探测 γ 射线能提供肉眼所看不到的太空影像。

太空中的 γ 射线是由恒星核心的核聚变产生的，因为无法穿透地球大气层，因此无法到达地球的低层大气层，只能在太空中被探测到。太空中的 γ 射线是在 1967 年由一颗名为"维拉斯"的人造卫星首次观测到。从 20 世纪 70 年代初由不同人造卫星所探测到的 γ 射线图片，提供了关于几百颗此前并未发现的恒星及可能的黑洞。于 90 年代发射的人造卫星（包括康普顿 γ 射线观测台），提供了关于超新星、年轻星团、类星体等不同的天文信息。γ 射线是一种强电磁波，它的波长比 X 射线还要短，一般波长 < 0.001 纳米。

在原子核反应中，当原子核发生 α、β 衰变后，往往衰变到某个激发态，处于激发态的原子核仍是不稳定的，并且会通过释放一系列能量使其跃迁到稳定的状态，而这些能量的释放是通过射线辐射来实现的，这种射线就是 γ 射线。

γ 射线具有极强的穿透本领。人体受到 γ 射线照射时，γ 射线可以进入到人体的内部，并与体内细胞发生电离作用，电离产生的离子能侵蚀复杂的有机分子，如蛋白质、核酸和酶，它们都是构成活细胞组织的主要成分，一旦它们遭到破坏，就会导致人体内的正常化学过程受到干扰，严重的可以使细胞死亡。

➡ 知识点

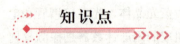

康普顿 γ 射线天文台

康普顿 γ 射线天文台（Compton Gamma Ray Observatory，缩写为 CGRO）是美国宇航局于 1991 年发射的一颗 γ 射线天文卫星，是大型轨道天文台计划的第二颗卫星。它以在 γ 射线领域做出重要贡献的美国物理学家康普顿的名字命名，目的是观测天体的 γ 射线辐射。

康普顿γ射线天文台于1991年4月5日由亚特兰蒂斯号航天飞机搭载升空，运行在450千米高的近地轨道上，为的是避免范艾伦辐射带的影响。

康普顿γ射线天文台重约17吨，其中天文仪器重约7吨，在当时是用航天飞机发射的最重的民用航天器。

康普顿γ射线天文台在轨期间分两次进行巡天，第一次巡天观测了蟹状星云、天鹅座X-1、天鹅座X-3、塞弗特星系NGC 4151等天体，1991年7月开始的第二次巡天包括银河系中心、超新星1987A等，并在4年时间里发现了271个γ射线源。1991年观测了太阳的耀斑爆发；探测到了天鹅座X-3的10^{12}电子伏的高能辐射、超新星1987A的10^{15}电子伏的辐射。1991年发现了第四颗γ射线脉冲星PSR1706-44，射电脉冲周期为102毫秒；1997年发现了银河系中心附近能量为511 keV的正负电子湮灭产生的谱线，表明存在一个巨大的反物质喷流；记录了约2 500个γ射线暴，发现它们在天空中的分布是各向同性的，支持了γ射线暴是发生在宇宙学尺度上的爆发现象这一观点。人们根据它积累的观测资料将γ射线暴以2秒为界分为长暴和短暴两类；1999年还观测了著名的γ射线暴GRB 990123及其光学波段的余晖。

康普顿γ射线天文台的设计寿命为5年，但一直工作了9年时间。1999年12月6日，卫星上用于姿态控制的一个陀螺仪因球状轴故障而失灵。卫星上安装有3个陀螺仪，必须有两个同时工作卫星才能正常运转。如果再有一个陀螺仪损坏，将导致卫星失控，最终可能坠毁在人口稠密地区。在失去备份的陀螺仪之后，部分天文学家认为它还有可能做出重要的科学观测，仍极力主张延长其寿命，但出于安全考虑，美国宇航局还是决定放弃这颗卫星。2000年5月26日，在传回最后一次太阳观测资料后，美国宇航局指引卫星开始一连串点火，并最终在6月4日引导它坠入地球大气层，在太平洋上空烧毁，碎片掉在夏威夷西南3 200～4 000千米的预定海域。

延伸阅读

伏特发明电池的故事

汽车上的蓄电池又叫做"伏特电堆"，是一个叫亚历山大·伏特的意大利人发明的。为了纪念他的贡献，人们把电压的计量单位叫做伏特。比如我们手电筒里的电池的电压是1.5伏特，我们家里的电灯的电压是220伏特。

伏特是意大利帕维亚大学的研究电学的物理学家。

有一天，伏特看了一位名叫加伐尼的解剖学家的一篇论文，说动物肌肉里贮存着电，可以用金属接触肌肉把电引出来。看了这篇论文，伏特非常兴奋，便决定亲自来做这个实验。他用许多只活青蛙反复实验，终于发现，实际情况并不像加伐尼所说的那样，而是两种不同的金属接触产生的电流，才使蛙腿的肌肉充电而收缩。

为了证明自己的发现是正确的，伏特决定更深入地了解电的来源。

一天，他拿出一块锡片和一枚银币，把这两种金属放在自己的舌头上，然后叫助手用金属导线把它们连接起来，刹时，他感到满嘴的酸味儿。

接着，他将银币和锡片交换了位置，当助手将金属导线接通的一瞬间，伏特感到满嘴的咸味。

这些实验证明，两种金属在一定的条件下就能产生电流。伏特想，只要能把这种电流引出来，就能大有作用。

伏特经过反复实验，终于发明了被后人称作"伏特电堆"的电池，这就是在铜板和锌板中间夹上卡纸和用盐水浸过的布片，一层一层堆起来的蓄电池。这种电池，今天仍然在使用着。

宇宙射线

所谓宇宙射线，指的是来自于宇宙中的一种具有相当大能量的带电粒子流。1912年，德国科学家维克多·汉斯带着电离室在乘气球升空测定空气电离度的实验中，发现电离室内的电流随海拔升高而变大，从而认定电流是来自地球以外的一种穿透性极强的射线所产生的，于是有人为之取名为"宇宙射线"，也称宇宙线。

宇宙射线的形成

宇宙射线一般指宇宙空间的高能粒子流。约在46亿年前刚从太阳星云形成的地球，初生的地球，固体物质聚集成内核，外周则是大量的氢、氦等气体，称为第一代大气。

那时，由于地球质量还不够大，还缺乏足够的引力将大气吸住，又有强烈的太阳风（是太阳因高温膨胀而不断向外抛出的粒子流，在太阳附近的速度约为350～450千米/秒），所以以氢、氦为主的第一代大气很快就被吹到宇宙空间。地球在继续旋转和聚集的过程中，由于本身的凝聚收缩和内部放射性物质（如铀、钍等）的蜕

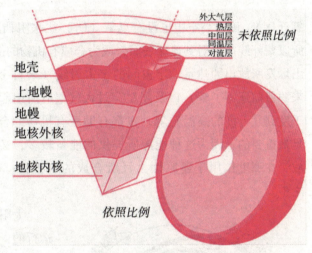

地球分层示意图

变生热，原始地球不断增温，其内部甚至达到炽热的程度。于是重物质就沉向内部，形成地核和地幔，较轻的物质则分布在表面，形成地壳。

初形成的地壳比较薄弱，而地球内部温度又很高，因此火山活动频繁，从火山喷出的许多气体，构成了第二代大气即原始大气。

原始大气是无游离氧的还原性大气，大多以化合物的形式存在，分子量大一些，运动也慢一些，而此时地球的质量和引力已足以吸住大气，所以原始大气的各种成分不易逃逸。此后，地球外表温度逐渐降低，水蒸气凝结成雨，降落到地球表面低凹的地方，便成了河、湖和原始海洋。当时由于大气中无游离

太阳系的行星与矮行星

氧（O_2），因而高空中也没有臭氧（O_3）层来阻挡和吸收太阳辐射的紫外线，所以紫外线能直射到地球表面，成为合成有机物的能源。此外，天空放电、火山爆发所放出的热量，宇宙间的宇宙射线（来自宇宙空间的高能粒子流，其来源目前还不了解）以及陨星穿过大气层时所引起的冲击波（会产生摄氏几千度到几万度的高温）等，也都有助于有机物的合成。但其中天空放电可能是最重要的，因为这种能源所提供的能量较多，又在靠近海洋表面的地方释放，在那里作用于还原性大气所合成的有机物，很容易被冲淋到原始海洋之中。

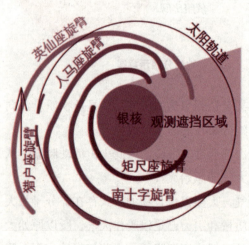

银河镟臂结构示意图

太阳系是在圆盘状的银河系中运行的，运行过程中会发生相对于银河系中心位置的位移，每隔6 200万年就会到达距离银河系中心的最远点。而整个"银河盘"又是在包裹着它的热气体中以200千米/秒的速度运行。"银河盘并不像飞盘那样圆滑，"科学家称，"它是扁平的。"当银河系的"北面"或前面与周围的热气摩擦时就会产生宇宙射线。

宇宙射线影响之巨大

虽然当宇宙射线到达地球的时候，会有大气层来阻挡住部分的辐射，但射线流的强度依然很大，很可能对空中交通产生一定程度的影响。比方说，现代飞机上所使用的控制系统和导航系统均由相当敏感的微电路组成。一旦在高空遭到带电粒子的攻击，就有可能失效，给飞机的飞行带来相当大的麻烦和威胁。

还有科学家认为，长期以来普遍受到国际社会关注的全球变暖问题很有可能也与宇宙射线有直接关系。这种观点认为，温室效应可能并非全球变暖的唯一罪魁祸首，宇宙射线有可能通过改变低层大气中形成云层的方式来促使地球变暖。这些科学家的研究认为，宇宙射线水平的变化可能是解释这一疑难问题的关键所在。他们指出，由于来自外层空间的高能粒子将原子中的电子轰击出来，形成的带电离子可以引起水滴的凝结，从而可增加云层的生长。也就是说，当宇宙射线较少时，意味着产生的云层就少，这样，太阳就可以直接加热地球表面。对过去20年太阳活动和它的放射性强度的观测数据支持这种新的观点，即太阳活动变得更剧烈时，低空云层的覆盖面就减少。这是因为从太阳射出的低能量带电粒子（即太阳风）可使宇宙射线偏转，随着太阳活动加剧，太阳风也增强，从而使到达地球的宇宙射线较少，因此形成的云层就少。此外，在高层空间，如果宇宙射线产生的带电粒子浓度很高，这些带电离子就有可能相互碰撞，从而重新结合成中性粒子。但在低空的带电离子，保持的时间相对较长，因此足以引起新的云层形成。

此外，几位美国科学家还认为，宇宙射线很有可能与生物物种的灭绝与出现有关。他们认为，某一阶段突然增强的宇宙射线很有可能破坏地球的臭氧层，并且增加地球环境的放射性，导致物种的变异乃至于灭绝。另一方面，这些射线又有可能促使新的物种产生突变，从而产生出全新的一代。这种理论同时指出，某些生活在岩洞、海底或者地表以下的生物正是由于可以逃过大部分的辐射才因此没有灭绝。从这种观点来看，宇宙射线倒还真是名副其实的"宇宙飞弹"。

知识点

分子、原子与离子

分子

1. 分子是构成物质的一种粒子

大多数的物质都是由分子构成的。如氧气由氧分子构成；水由水分子构成；硫酸由硫酸分子构成等。

2. 分子是保持物质化学性质的最小粒子

（1）"保持"是指构成物质的每个分子与该物质的化学性质相同。如保持氧气的化学性质的最小粒子是氧分子。

（2）物质的性质有物理性质和化学性质，分子只能保持其化学性质，不能说成是物质的性质，因为物质的物理性质（如熔点、沸点、硬度、密度等）都是该物质大量分子聚集体所表现的属性。如大量氧分子聚集成的液态氧呈淡蓝色。

（3）分子是由原子构成的。如1个氧分子由2个氧原子构成。

原子

1. 原子也是构成物质的一种粒子

金属、稀有气体、金刚石和石墨等都是由原子直接构成的物质。如汞由汞原子构成，氦气由氦原子构成。

2. 原子是化学变化中的最小粒子

在化学反应中分子可分成原子，但原子在化学反应中不能再分成更小的粒子，而是原子又重新组合成新的分子，这就是化学反应的本质。如加热红色氧化汞时，氧化汞分子分解为氧原子和汞原子，每2个氧原子结合成1个氧分子，许多汞原子聚集成金属汞。

离子

离子也是构成物质的一种粒子。

一般是金属元素与非金属元素组成的化合物，比如氯化钠，就是由离子构成物质的。

延伸阅读

中国上古时期关于宇宙的神话

很久很久以前，天和地还没有分开，宇宙混沌一片，好像是个大鸡蛋。有个叫盘古的巨人，在这大鸡蛋里，一直睡了十万八千年。

有一天，盘古忽然醒了。他见周围一片漆黑，就抡起大斧头，朝眼前的黑暗猛劈过去。只听一声巨响，混沌一片的东西渐渐分开了。轻而清的东西，缓缓上升，变成了天；重而浊的东西，慢慢下沉，变成了地。

天地分开以后，盘古怕它们还会合在一起，就头顶着天，脚踩着地，随它们的变化而变化。天每天升高一丈，地每天下沉一丈，盘古也随着越长越高。这样不知过了多少年，天和地逐渐成形了，盘古也累得倒了下去。

盘古倒下后，他的身体发生了巨大的变化。他呼出的气息，变成了四季的风和飘动的云；他发出的声音，化作了隆隆的雷声。他的双眼变成了太阳和月亮；他的四肢，变成大地东、西、南、北四极；他的肌肤，变成了辽阔的大地；他的血液，变成了奔流不息的江河；他的汗毛，变成了茂盛的花草树木；他的汗水，变成了滋润万物的雨露……

人类的老祖宗盘古，用他的整个身体创造了美丽的宇宙。

这是盘古开天地的神话，也是关于宇宙起源的最初描述：宇宙最初是混沌的，外形像鸡蛋，盘古生于其中。据某个国外研究小组的计算机模拟实验结果显示，宇宙大爆炸之初就是"椭圆形"的。而"盘古"可以理解为一种能量，像某些地区的古人会把火山爆发看作是某个神一样。

电磁波的发现
DIANCIBO DE FAXIAN

从玉匠们打磨琥珀、玳瑁等东西上，感受到"电"的存在，但那时并不称作"电"，中间陆陆续续有人做了不少实验，一直到摩擦起电，证实电的存在，已经有几千年的历史了。从爱迪生发明电灯开始，人们走向了用电照明之路。电的发现，有着划时代的意义。可以说，如果电不被发现，那么电磁波也自然发现不了。

磁生电，这个不平凡的结论正是由伟大的法拉第揭开的。他可以说是近代电磁学说的第一个奠基人。麦克斯韦是继法拉第之后集电磁学大成的伟大科学家，预言了电磁波的存在，赫兹更是用实验证实了电磁波的存在。此后，莫尔斯的电报机与贝尔的电话相继问世，马可尼发明了无线电通信，将人们带入了隔空传输语音的世界，电磁波逐步运用到了人们的实际生活中，推动了社会发展的历程。

人们并不满足，可敬的科学家们也是夜以继日地试验，以便开拓更深更广的领域。功夫不负有心人，又发现了 X 射线，揭示了闪电的谜底，以及天线的产生，等等。而且，X 射线的发现，把人类引进了一个完全陌生的微观国度。X 射线的发现，直接地揭开了原子的秘密，为人类深入到原子内部的科学研究，打破了坚冰，开通了航道。

在这里，值得一提的是，关于人身上存在的电磁波——脑电磁波，对于它的研究，可以帮助我们更了解自己，并进行临床应用。

电的发现

在 2 500 多年以前，为了装饰的需要，有人把琥珀、玳瑁磨成珠子、耳环和手镯之类的东西。琥珀是一种美丽的树脂化石，黄黄的颜色中略带一点红褐，晶莹透明，非常美观。玳瑁是一种跟乌龟相似的海生爬行动物的甲壳，黄褐的颜色中带有一些黑斑，在那个时候人们把它叫做"顿牟"。因为琥珀和玳瑁都很硬，所以，在中国和希腊有不少辛勤劳动的

玳瑁

工人，成天磨呀琢呀，跟琥珀和玳瑁打交道。

一天一天地，工人们发现了刚磨好的琥珀和玳瑁具有一种奇异的特性：它会吸引芥菜籽、绒毛、头发、细线一类的轻微的东西。于是人们记下了"顿牟掇芥"的怪现象。

又过了好几百年，一个学者在《博物志》里记下了另一个有趣的现象：用漆过的木梳子梳头，或者在穿、脱丝绸及毛皮质料衣服的时候，会有噼噼拍拍的声音和火星出现。当时人们并不了解"顿牟掇芥"与脱衣服"解结有光"之间有什么联系。因为对任何事物的认识，得有一个过程，加上受封建社会的约束，所以当时的科学发展是比较缓慢的。至于在外国，特别是在中世纪时期的欧洲，教会势力和封建势力结成了反动的联盟，宗教的影响渗透到了社会生活的各个方面，真正的科学被视为异端邪说，遭受着残酷的迫害。

但是，历史的洪流总归要奔腾向前，到了 11 世纪以后，在我国，经历了"五代十国"的长期战乱，形成了中央集权的北宋王朝，社会秩序进入了一个相对稳定的时期。在欧洲，十字军远征，教堂和城市建筑的发展，粮食和手工业产品的增加，以及伴随着贸易的扩展和航海技术的进步，促使人们去总结以

往的经验和教训，思考许多未来的问题。于是，科学知识的宝库被充实起来了。

1600年，英国有一个叫做吉柏的医生发现，不但琥珀具有吸引轻微物体的能力，而且经呢绒之类摩擦过的金刚石、水晶、硫黄、火漆和玻璃，也都会有那种神奇的吸引力。这使他想到"琥珀之力"并不是琥珀所特有，而应当蕴藏在一切物质之中，就好像水渗透在海绵里一样。后来，他根据希腊文字"琥珀"的字根，拟定了一个新的名词，把它叫做"电"。

又过了100多年，人们制成了一架会发生电的机器。制造者把熔化了的硫黄灌到玻璃球里，等硫黄凝固以后，就打破玻璃，取出小球，安上一根转轴，装到机器上使它旋转起来。然后用各种不同的物质去和转动的硫黄球摩擦，目的是想要找到使硫黄球带电的最好的材料。实验的结果是使人惊异的。最好的材料不是别的，竟是实验者自己的双手！从此以后，人们真的就用手掌发起电来了。

有一次，又一个有趣的现象发生了：一根柔软的绒毛从带电的硫黄球上跳下来，直向实验者的鼻子飞去。原来在做实验的时候，通过手，使他的鼻子也带了电。

这个现象后来才慢慢地被人懂得：不但摩擦以后的硫黄球会吸引毛发，凡是摩擦以后再分开的两个物体，它们都同时带上了电。在人体和某些其他的物体上，电并不停留在发生的地方，它会从一个地方流到另一个地方。这些物体就叫做"导体"。实验使人碰到的有趣事情还不止一件。有一天，人们发现绒毛被吸到硫黄球上之后，一下子就跳了起来，落回地上，然后再跳起，落到球上另外一个地方。小绒毛一上一下地跳着"舞蹈"，一直等它"吻遍"了整个小球，搬光了球上所有的电，才老老实实地躺了下来。这个现象说明，电不只是具有吸引的作用，而且也会互相推斥；电并不能在一切物体上任意流动，有时候它就停留在摩擦过的各个不同的地方。小绒毛的表演还使人们产生了电的"原子性"的想法，并且开始把电称作"电荷"。慢慢地，人们懂得了电荷有两种。每次发生电的时候，两种性质截然相反的电荷总是成对地出现。同名的电荷会互相推斥，异名的电荷要互相吸引。假定把同样多少的异名电荷放作一堆，那么它们立刻就彼此中和，失掉了带电的现象。

为了区别这两种电荷，最初人们把它们称作"树脂性的"和"玻璃性的"

电。后来富兰克林干脆把它们叫做"负电"和"正电"。这个用正、负号来表示两种电荷的习惯，一直保持到今天。

知识点

直流电与交流电

直流电是电流的方向不随时间的变化而改变，但电流大小可能不固定，而产生波形，又称恒定电流，所通过的电路称直流电路。

交流电也称"交变电流"，简称"交流"，一般指大小和方向随时间作周期性变化的电压或电流。我们常见的电灯、电动机等用的电都是交流电。在实用中，交流电用符号"～"表示。

排起辈分来，直流电还是交流电的老大哥，因为人类最早得到的是直流电，后来，改进了发电机才得到了交流电。

从用途上说，直流电、交流电各有优点，有些场合适宜用交流电，有些场合非用直流电不可。

把交流电变成机械能的机器，叫做交流电动机。这种机器结构简单，容易制造，也比较耐用，转速也很稳定，因此用途极广。工厂里许多机床都是用交流电动机来带动的，农村里常用的脱粒机、碾米机、抽水机等等都要用到交流电动机。交流电的发电成本，也比直流电低，因此，人们照明、取暖一般也都用交流电。

对于直流电，它的用处也很大。直流电流动的方向不变，因此，用它来发动的直流电动机，转速可以任意调节。这是一个很重要、很有用的优点。例如电车，就必须用直流电来开动。电车在爬坡的时候，要用很大的力气，这时候直流电机的转速就会减慢，力气就加大，好把电车送上坡。而在下坡的时候，直流电机就会加快转速，减小力气。

要是用交流电来开电车，这种电车就不适宜乘坐。因为交流电动机的转速是固定的，一通电，马上就全速转动，没有由慢到快的过程；一断电，马上就停止转动，没有由快到慢的过程。坐在这种电车里的乘客，在车子一开一停的时候，互相撞来撞去，非摔得鼻青脸肿不可。所以，电车无论如何不能采用交流电动机。

不光是电车，矿山里的卷扬机和升降机、高层建筑里的电梯、货轮上的电动吊车等等，大都得用直流电。另外，电话也必须用直流电，如果用交流电，我们就没法通话，因为交流电会发出嗡嗡的杂音，无法让我们听清对方的声音。

无线电通信中的收发报机、扩音机、收音机、雷达等等都必须用直流电；电子计算机也必须使用直流电。因为这些设备都要求电子按照人们所规定的方向、用一定的能量去工作。因此，现代电子技术都需要用直流电作为工作电源。从这个意义上来说，直流电的用途绝不比交流电小。

延伸阅读

会放电的鱼

鱼还会放电，够稀奇吧！下面我们就去看看这种生活在南美洲亚马孙河流域的会放电的鱼。电鳗是生活在南美亚马孙河的一种鳗类。它在鱼里面算是高大威猛的了。全身大概有 2 米多长，体重有 20 千克呢。它行动迟缓，栖息于缓流的淡水水体中，并不时浮上水面，吞入空气，进行呼吸。体长，圆柱形，无鳞，灰褐色。背鳍、尾鳍退化，但占体长近 4/5 的尾，其下缘有一长形臀鳍，依靠臀鳍的摆动而游动。尾部具发电器，来源于肌肉组织，并受脊神经支配。能随意发出电压高达 650 伏的电流，所发电流主要用以麻痹鱼类等猎物。

电鳗是鱼类中放电能力最强的淡水鱼类，输出的电压 300~800 伏，因此电鳗有水中的"高压线"之称。电鳗的发电器的基本构造与电鳐相类似，也是由许多电板组成的。它的发电器分布在身体两侧的肌肉内，身体的尾端为正极，头部为负极，电流是从尾部流向头部。当电鳗的头和尾触及敌体，或受到刺激时即可发生强大的电流。电鳗的放电主要是出于生存的需要。因为电鳗要捕获其他鱼类和水生生物，放电就是获取猎物的一种手段。它所释放的电量，能够轻而易举地把比它小的动物击死，有时还会击毙比它大的动物，如正在河里涉水的马和游泳的牛也会被电鳗击昏。

那么电鳗是如何判断周围存在威胁并释放电流还击的呢？电鳗尾部发出的电流，流向头部的感受器，因此在它身体周围形成一个弱电场。电鳗中枢神经系统中有专门的细胞来监视电感受器的活动，并能根据监视分析的结果指挥电鳗的行为，决定采取捕食行为或避让行为或其他行为。有人做过这么一个实验：在水池中放置两根垂直的导线，放入电鳗，并将水池放在黑暗的环境里，结果发现电鳗总在导线中间穿梭，一点儿也不会碰导线；当导线通电后，电鳗一下子就往后跑了。这说明电鳗是靠"电感"来判断周围环境的。

但是我们还有一个疑问：电鳗释放如此强大的电流，怎么它自己能幸免于难不被电到呢？原来，电鳗体内有许多所谓的生物电池串联及并联在一起，所以虽然电鳗的头尾电位差可以高达750伏，但是因为生物电池的并联（共约140行）把电流分散掉，所以实际上通过每行的电流跟它电鱼时所放出的电流相对之下小得多，所以它才不会在电鱼时，把自己也给电死。

还有一种和电鳗极其相似的鱼类叫电鳐。电鳐是一种软骨鱼类，体形圆形或椭圆形，口和眼睛都很小，生活在热带和亚热带近海，我国的东海和南海就有分布。它常将身体半埋于泥沙中，或在海底匍匐前进。

在电鳐的头部和胸鳍之间有一个椭圆形发电器，是由肌肉特化而成的。发电器由若干肌纤维组成，形成六角形柱状管，管内有无色的胶状物质，主要起电解作用。管内有许多扁平的电板排列，电板由一些小的化学细胞组成，与神经相连，我们把它们叫做"电板细胞"。电鳐捕捉食物时，信号通过神经传导到电板的细胞，小细胞产生化学物质，改变细胞膜内和膜外的电荷分布，产生电位差，电流也就因此产生了。一个细胞产生的电流很小，一条电鳐身上有数百万个电板细胞，它们同时放电的时候，电流就相当大了。生活在大西洋和印度洋的热带及亚热带近岸水域中的巨鳐，体型较大，最大者可达2米多。科学家们曾对这种电鳐进行过测试，结果发现，它可以产生60伏电压，50安培的电脉冲，3 000瓦功率的电击，足以击毙一条几十千克的大鱼。世界上第一个人工电池——伏打电池，就是根据电鳐的发电器官为模型而设计出来的。

电磁感应现象

不但电流会产生磁，磁也能产生电流。

迈克尔·法拉第

作出这个不平凡结论的是英国伦敦乔治·利勃书店的学徒迈克尔·法拉第。他可以说是近代电磁学说的第一个奠基人。

法拉第生长在一个贫苦的铁匠的家庭里，由于生活的逼迫，他不得不在 12 岁就上街卖报，13 岁便离开了家庭，到乔治·利勃书店去学习装订书籍的手艺。

从小就没有机会上学的法拉第，十分喜爱科学。失学当然使他感到痛苦，但艰苦的条件并不能阻挠他如饥似渴地刻苦学习。他常常利用工作的闲暇去弥补知识的缺陷。他贪婪地阅读着一本本交来装订的书籍。这样，法拉第很快地了解了前人的许多重大成就。

法拉第读书很努力，求知欲望更强烈。星期天和晚上，他总挤出时间去听那些公开举行的演讲。

有一次，他听了当时英国最著名的化学家汉弗莱·戴维的演说，他当场记下了全部演讲的内容，回家后又作了认真的研究和整理。随后，他把演讲记录连同自己的心得和献身科学的志愿，给戴维去了一封信，并且请求他收留自己在他的身边工作。戴维小时候是一个药房的学徒，他完全理解这个热情的青年工人的心情。戴维把他安排在自己的实验室里，做一些洗涤、打扫的事情。由于法拉第杰出的才能，不久他就开始了独立的研究工作。1816 年，法拉第写出了第一篇科学论文。到了 1824 年，他的名声已经遍于英国的科学界了。

从这个时候起，法拉第就专心致志于电现象和磁现象的研究。他发现，不但放在磁铁附近的磁针会发生偏转，如果把磁铁放在撒满铁屑的纸板下面，再轻轻地敲击纸板，这时候，铁屑会排成一个对称的美丽的图形。铁屑有规则的排列，说明了纸板下面的磁铁对它们产生了影响。就好像电场会使短发和碎草有规则地排列起来一样，在磁铁的周围，也一定存在着"磁场"。法拉第还发现，磁场不仅存在于磁铁的附近，在有电流通过导线的时候，在导线的周围，也会产生磁场。

电流磁场的发现，使人们明白了奥斯特看到的现象。正是电流磁场的作用，磁针才发生了偏转。电流既然会产生磁场，反过来，磁场能不能产生电流呢？

法拉第又开始了新的尝试。他把一条六七米长的导线绕在圆筒上，用电流计连接两端，然后再把一根条形磁铁插进圆筒，法拉第想，这个外加上去的磁场，应当会产生电流。他满怀着希望跑到电流计的前面，可是电流计的指针一动也不动。

法拉第仔细检查着仪器和接线，再次进行实验。等他跑到电流计前面的时候，电流计的指针还是指在"0"上。法拉第失望了。可是他并没有灰心，他深深思索着失败的原因。这样的办法不对！为什么每次都要插好了磁铁再去看电流计呢？——法拉第猛然闪过了这样一个念头。

古老的感应线圈

这时候，在法拉第深邃的思想中，一个认识的飞跃已经通过大量实践而得到完成："无中不会生有。""在任何情况下……没有纯粹的力的创造，没有不消耗某种东西而能够产生力"。在这里，尽管法拉第和当时许多物理学家一样，常常对"力"这个词赋予机械力和能量的双重涵义，然而我们却可以从朴素的语言中，看到他们已经是如何深刻地掌握和运用着"能量守恒与转换"这条自然界的普遍规律。电流只有发生在磁棒插入或者拔出线圈的转瞬之间，磁棒与线卷的相对运动是由磁产生电的必要条件。这就是法拉第从许多次失败中得到的新的启示。

于是他装好仪器，重做试验，两眼紧紧地盯在电流计上。果然，就在磁铁插入圆筒的一瞬间，电流计的指针动了。它显示了磁场产生电流的成功。只有运动的磁铁所产生的变化着的磁场，才会产生电流。这是法拉第得到的一个重要结论。

既然变化的磁场会引起电流，而电流又能产生磁场，那么用变化的电流就可以获得变化的磁场，有了变化的磁场就能有电流，所以通过电磁感应的方法，用电流来产生电流应当是可能的。法拉第再次进行实验。实验证明了他的设想。

法拉第以半生辛勤的劳动，找到了电现象和磁现象的联系，找到了电磁感应的规律。法拉第为电磁学的发展和应用，作出了重大的贡献。

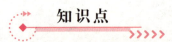

知识点

电流表的分类

电流表，又称安培计，是测量电流的仪表。主要类型有转动线圈式电流表、转动铁片式电流表、热偶式电流表以及热线式电流表。

转动线圈式电流表装有一分流器以降低敏感度，它只能用于直流电，但加一整流器也可用于交流电。

转动铁片式电流表中，当被测电流流过固定线圈时，产生磁场，一块软铁片在所产生的磁场中转动，能用来测试交流或直流，比较耐用，但不及转动线圈式电流表灵敏。

热偶式电流表也能用于交流或直流电，其中有一电阻器，当电流流过时，电阻器热量上升，电阻器与热电偶接触，热电偶与一表头相连，从而构成热偶式电流表，这种间接式电表主要用来测量高频交流。

热线式电流表在使用时，夹住线的两端，线被加热，它的延长部分使指针在刻度上转动。

延伸阅读

汉弗莱·戴维的贡献

1801 年，汉弗莱·戴维（H. Davy，1778—1829）在英国皇家学院讲授化学，1803 年成为英国皇家学会会员，1813 年被选为法国科学院院士。1820 年任英国皇家学会主席，1826 年被封为爵士。1826 年因病赴欧洲求治，1829 殁于日内瓦。

戴维一生科学贡献甚丰，其中较大的成果有：

（1）1802 年开创农业化学。

（2）发明煤矿安全灯。产业革命时主要能源是煤，当时煤矿设备简陋，常发生瓦斯爆炸。1815 年英国成立"预防煤矿灾祸协会"，当年戴维用了 3 个月的时间就解决了瓦斯爆炸问题——用金属丝罩罩在矿灯外，金属丝导走热能，矿井中可燃性气体达不到燃点，就不会爆炸，煤矿安全灯沿用到 20 世纪 30 年代，此后，被电池灯逐渐取代。

（3）用电解方法制取碱金属等。1807 年用 250 对锌—铜原电池串联作为电源电解得到钠、钾。1808 年电解得到镁、钙、锶、钡、硅、硼。

（4）确定氯为单质。戴维研究氢碘酸时发现其中无氧，从而怀疑拉瓦锡的论点——酸中含氧。1774 年瑞典的席勒藉用 MnO_2 和 HCl 反应制得 Cl_2，在拉瓦锡观点影响下，因产物溶于水显酸性，他认为氯是"氧化盐酸气"。盖·吕萨克在气体反应简比定律中发现"氧化盐酸气"没有氧，但他坚信拉瓦锡的观点。1810 年，戴维分别用焦炭、硫、磷、金属和"氧化盐酸气"反应，均无含氧的产物生成。于是他宣称：只要没有水，"氧化盐酸气"所发生的一切反应都不会产生氧。从而把它定为单质——氯。

史学家认为：戴维的最大贡献是发现法拉第并使他成为自己的助手。然而遗憾的是，1824 年戴维反对法拉第成为英国皇家学会会员。

莫尔斯的电报机

萨缪尔·莫尔斯

1791 年 4 月 27 日，萨缪尔·莫尔斯诞生于美国马萨诸塞州查理镇，父亲是知名的地理学家。他毕业于耶鲁大学美术系时，只有 19 岁。1832 年秋天，已任美国国立图画院院长的莫尔斯从欧洲考察和旅游回国时，在一艘从法国勒阿弗尔港驶往美国纽约的"萨利"号邮轮上，认识了一位美国医师、化学家，又是电学博士的查理·托马斯·杰克逊。当时杰克逊参加了在巴黎召开的电学讨论会后回国，谈到了新发现的电磁感应，引起了莫尔斯的极大兴趣。

"杰克逊先生，电磁感应是怎么回事呢?"莫尔斯好奇地问。

"你看一下实验就清楚了!"杰克逊说完就从皮包里取出一些电器材料放到桌上，然后给绕在蹄形铁芯上的铜线圈通上电，只见桌上的铁片、铁钉都被那铁芯吸上了。不一会，断了电，那些铁钉、铁片很快就掉了下来。

"导体在磁场中做相对运动会产生电流，通电的线圈会产生磁力，这种现象就叫电磁感应现象!"杰克逊简要解释道。

"我虽然不懂电学，经过您的指教，使我开了窍。非常感谢!"莫尔斯回到自己的房间，久久不能平静，感到电磁感应把他引进到一个广阔的天地。

他利用在船上休闲的时间兴致勃勃地阅读了杰克逊借给他的有关论文和电学书籍，画家的丰富想象力使他萌发了一个遐想：铜线通电后产生磁力；断电后，失去磁力。要是利用电流的断续，做出不同的动作，录成不同的符号，通过电流传到远方，不是可以创造出一种天方夜谭式的通信工具了吗?

他越想越入迷，觉得这个绝妙的想法正是人类梦寐以求的愿望，一定要实现它。他毅然下决心去完成"用电通信"的发明。莫尔斯回到国立图画院后，白天坚持本职工作，利用业余时间刻苦钻研电学。他把自己的画室改造成电报实验室。为了缩短自学的时间，特地拜电学家亨利为师，定时去听课，学做实验。每逢假日和晚上，莫尔斯经常独自一人在实验室里，集中精力边学习边设计边试验。他苦干了4个春秋，制造出了首台电报样机。

可是，连续多次试机，发现磁铁毫无动作。他万分焦急地找到一位教授肯尔，向他求教。

"你在磁铁上绕了多少圈线？"肯尔似乎捉摸到问题的症结，开门见山地问道。

"共绕了10圈。"莫尔斯答道。

"太少了，多绕几圈，你再试试，准能达到足够的磁力。相信你一定会成功。"肯尔给他很大鼓励。

莫尔斯按照肯尔的指点，回到实验室重新绕电线，嘿！磁铁真的动作起来了。可是，问题并没有完全解决。1837年9月4日，莫尔斯发明的电报机信号只能传送500米。但他毫不气馁，继续研究。他从亨利老师的发明得到灵感，终于创造出了一种起接力作用的继电器，解决了远距离信号减弱的问题。

然而，如何利用电磁铁电流断续时间长短的动作，录成记号，变成文字，真正起到通信的作用呢？莫尔斯请来朋友维耳当助手，费尽心血，创作出用点（·）和划（－）符号的不同排列来表示英文字母、数字和标点，成为电信史上最早的编码，后被称为"莫尔斯符号"。他与维耳还研制成电报音响器，可以在收电报的同时，通过电码声音

发送人类第一份电报的电报机

直接译出电文，大大缩短了收报译文的时间。为了使电报样机迅速得到试验鉴定，莫尔斯与维耳多次研究考察，拟定了在华盛顿与马里兰州的巴尔的摩

两城市间架设第一条40千米长的高空试验性电报线路计划。几经波折，计划于1843年得到美国国会的拨款支持。1845年5月24日，在美国国会大厦举行的世界上第一次收发电报公开试验获得了成功。几年后，电报很快得到推广。

　　1854年，美国最高法院正式确定莫尔斯的发明专利权。1858年，欧洲各国联合发给莫尔斯40万法郎奖金。这位画家成为电报发明家的故事传遍了世界！晚年，享有盛誉的莫尔斯将发明电报获得的巨大财富从事慈善事业。1872年4月2日莫尔斯逝世后，纽约市民特地在中央公园为他建造了一座雕像，永远纪念他为人类作出的巨大贡献！

知识点

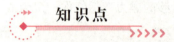

莫尔斯电报机的分类

　　莫尔斯电报机分为莫尔斯人工电报机和莫尔斯自动电报机（简称莫尔斯快机）。莫尔斯人工电报机是一种最简单的电报机，由3个部分组成：电键、印码机构和纸条盘。发报主要利用电键拍发电报信号，按键的时间短就代表点，按键的时间长（点的三倍长）就代表"划"，手抬起来不按电键就代表间隔。收报则通过听声音的长短的办法来区分"点"、"划"，既可进行人工抄收，也可用纸条记录器把不同长短的符号记录下来，后者比人工抄收更为可靠，可作书面根据，便于查对。

　　莫尔斯人工电报机完全依赖于人的操作，其通报速率是很低的，但莫尔斯人工电报机设备简单，维修方便，工作性能稳定，因此沿用至今。莫尔斯快机包括键盘凿孔机、自动发报机和波纹收报机等设备，这些设备大都是用小型电动机带动的。由于发报和收报的步骤都用机器代替了人工，其效率较之于先前的人工收报机大为提高。但它在收报中不能直接印出字来，因此劳动生产率仍然较低，转报也不太方便，现在已经被淘汰。

延伸阅读

SOS 求救信号与"泰坦尼克号"的故事

1912 年 4 月，英国豪华邮轮"泰坦尼克号"在处女航时不幸与冰山相撞，船上 2 208 名乘客和船员中有 1 500 余人丧生。灾难发生后，人们想方设法利用各种方式求救，发出了当时比较通用的 DQD 求救信号。但是一直没有得到明确回复，附近也没有船只前来救援。

在此时，虽然 SOS 信号在 1906 年即已制定，但英国的无线电操作员很少使用 SOS 信号，他们更喜欢老式的 CQD 遇难信号。

最后在走投无路的情况下，船上的报务员杰克·菲利普斯对另外一人说："发送 SOS 求救信号，这是一种新的国际通用呼救信号，它可能是我们最后的获救机会。"但与泰坦尼克号相距近得灯光可见的"加利福尼亚号"，因报务员不值班没有收到这个求救信息。不过，求救信息幸运地被远在纽约的一位叫萨洛夫的人接收到。他果断地通过无线电广播向全世界通报了这一消息。直到次日黎明，距离泰坦尼克号很远的"卡帕蒂阿号"才闻讯赶到，最终仅仅救出 710 人。

因此，通过"泰坦尼克号"沉船事件，人们认识到应用国际统一呼救信号的重要性。于是，SOS 呼救信号逐渐得到国际公认。SOS 呼救信号成为国际通用呼救信号 100 年来，成功挽救了不计其数的生命。

贝尔的电话

1847 年 3 月 3 日，亚历山大·贝尔出生在英国的爱丁堡。他的父亲和祖父都是颇有名气的语言学家。

受家庭的影响，贝尔小时候就对语言很感兴趣。他喜欢养麻雀、老鼠之类的小动物。他觉得动物的叫声美妙动听。上小学时，他的书本里，除了装课本

亚历山大·贝尔

外，还经常装有昆虫、小老鼠等。有一次，老师正在讲《圣经》的故事，忽然他书包里的老鼠窜了出来，同学们躲的躲，叫的叫，弄得教室内大乱。老师怒不可遏，觉得这样的学生不可教。

不久，贝尔的父亲就将贝尔送到伦敦祖父那儿。这位慈祥的老人虽然很疼爱孙子，但对孙子的管教十分严厉。祖父深谙少年的学习心理，他不采用填鸭式的方法，硬逼贝尔学习书本上的知识，而是从培养贝尔的学习兴趣入手。渐渐地，贝尔有了强烈的求知欲，学习成绩也上去了，成了优等生。贝尔后来回忆道："祖父使我认识到，每个学生都应该懂得的普通功课，我却不知道，这是一种耻辱。他唤起我努力学习的愿望。"

一年之后，贝尔又回到了故乡爱丁堡。在他家附近，有一座磨坊。贝尔觉得这种老式水磨太费劲了，要改进改进。于是，他查阅各种图书资料，设计出一幅改良水磨的草图。这图虽然画得不规范，但构想却十分巧妙。经过工匠的加工，水磨果然变得十分灵活，比原来省力多了。从此，他成了远近闻名的"小发明家"。

贝尔从这里看到了发明创造的意义。每一项的发明，都将使很大一部分人受益，都是人类向前迈进的一块基石。

1869 年，22 岁的贝尔受聘美国波士顿大学，成为这所大学的语音学教授。贝尔在教学之余，还研究教学器材。有一次，贝尔在做聋哑人用的"可视语言"实验时，发现了一个有趣的现象：在电流接通和截止时，螺旋线圈会发出噪声，就像电报机发送莫尔斯电码时发出的"嘀答"声一样。

"电可以发出声音！"思维敏捷的贝尔马上想到，"如果能够使电流的强度变化，模拟出人在讲话时的声波变化，那么，电流将不仅可像电报机那样输送信号，还能输送人发出的声音，这也就是说，人类可以用电传送声音。"贝尔越想越激动。他想："这一定是一个很有价值的想法。"于是，他将自己的想法告诉电学界的朋友，希望从他们那里得到有益的建议。

然而，当这些电学专家听到这个奇怪的设想后，有的不以为然，有的付之一笑，甚至有一位不客气地说："只要你多读几本《电学常识》之类的书，就不会有这种幻想了。"

贝尔碰了一鼻子灰，但并不沮丧。他决定向电磁学泰斗亨利先生请教。

亨利听了贝尔的介绍后，微笑着说："这是一个好主意！我想你会成功的！"

"尊敬的先生，可我是学语音的，不懂电磁学。"贝尔怯怯地说，"恐怕很难变成现实。""那你就学会它吧。"亨利斩钉截铁地说。

得到亨利的肯定和鼓励，贝尔觉得自己的思路更清晰了，决心也更大了。他暗暗打定主意："我一定要发明电话。"

此后，贝尔便一头扎进图书馆，从阅读《电学常识》开始，直至掌握了最新的电磁研究动态。有了坚实的电磁学理论知识，贝尔便开始筹备试验。他请来18岁的电器技师沃特森做试验助手。接着，贝尔和沃特森开始试验。他们终日关在试验室里，反复设计方案、加工制作，可一次次都失败了。"我想你会成功的"，亨利的话时时回荡在贝尔的耳边，激励着贝尔以饱满的热情投入研制工作中去。

1875年5月，贝尔和沃特森研制出两台粗糙的样机。这两台样机是在一个圆筒底部蒙上一张薄膜，薄膜中央垂直连接一根碳棒，插在硫酸液里。这样，人对着它讲话时，薄膜受到振动，碳棒与硫酸接触的地方电阻发生变化，随之电流也发生变化；接收时，因电流变化，也就产生变化的声波。由此实现了声音的传送。

可是，经过验证，这两台样机还是不能通话。试验再次失败。经反复研究、检查，贝尔确认样机设计、制作没有什么问题。"可为什么失败了呢?"贝尔苦苦思索着。一天夜晚，贝尔站在窗前，锁眉沉思。忽然，从远处传来了悠扬的吉他声。那声音清脆而又深沉，美妙极了！

"对了，沃特森，我们应该制作一个音箱，提高声音的灵敏度。"贝尔从吉他声中得到启迪。于是，两人马上设计了一个制作方案。一时没有材料，他们把床板拆了。几个小时奋战之后，音箱制成了。

1875年6月2日，他们又对带音箱的样机进行试验。贝尔在实验室里，沃特森在隔着几个房间的另一头。贝尔一面在调整机器，一面对着送话器呼唤起来。忽然，贝尔在操作时，不小心把硫酸溅到腿上，他情不自禁地喊道："沃特森先生，快来呀，我需要你！"

"我听到了，我听到了。"沃特森高兴地从那一头冲过来。他顾不上看贝尔受伤的地方，把贝尔紧紧拥抱住。贝尔此时也忘了疼痛，激动得热泪盈眶。

当天夜里，贝尔怎么也睡不着。他半夜爬起来，给母亲写一封信。信中他写道："今天对我来说，是个重大的日子。我们的理想终于实现了！未来，电话将像自来水和煤气一样进入家庭。人们各自在家里，不用出门，也可以进行交谈了。"

可是，人们对这新生事物的诞生反应冷漠，觉得它只能用来做做游戏，没什么实用价值。

贝尔发明的第一台电话

贝尔一方面对样机进行完善，另一方面利用一切机会宣传电话的使用价值。两年之后的 1878 年，贝尔在波士顿和纽约之间进行首次长途电话试验（两地相距 300 千米），结果也获得成功。

在这以后，电话很快在北美各大城市盛行起来。

知识点

电话机的分类

电话机大致可分为磁石式电话机、共振式电话机及自动式电话机。

磁石式电话机由呼叫话务员的响铃小发电机和附有可与对方通话的电池电话机组成，目前几乎不使用。

共振式电话机由在电话局加入者可共同使用的电池和发电机组成，是拿起受话机时其信号到达电话局的电话机。

自动式电话机是拨号或旋转按钮数字时，电话局的自动交换机连接对方的电话机。若对方与他人通话时，给出通话中的信号。是目前最为常用的电话机。

延伸阅读

世界第一部手机

手机如今已经成为人们生活中的日常用品，可谁知道世界上第一部手机是什么样呢？据有关资料显示，世界上第一部手机如同垃圾箱般大小，通讯范围不到 1 千米。

虽然如此，它的发明者、美国肯塔基州瓜农内森·斯塔布菲尔德在将自己的专利定为"无线电话" 100 年后，最终被公认为现代移动电话技术之父。斯塔布菲尔德曾在自己的果园里竖起一根 37 米高的天线杆，利用磁场通过一部电话与另一部电话通话。

1902 年元旦，自学成才的斯塔布菲尔德将他的发明拿到城镇公共广场向公众展示，向 5 部接收机传送音乐和声音。1908 年，斯塔布菲尔德申请了用于与马车和船只等交通工具进行通话的"无线电话"专利。但是，他的电话在他的有生之年一个也没有卖出去。有 6 个孩子的他把积蓄都投入到了研究中，家庭非常贫困，他的妻子最终离他而去。1928 年，他在穷困潦倒中悲惨地死去。

时光流逝，斯塔布菲尔德的成就终于得到承认。2001 年，美国新闻学教授鲍勃·洛克在一本书中称赞斯塔布菲尔德是移动通讯的先驱。目前全世界共有大约 25 亿部手机，但知道斯塔布菲尔德的人却寥寥无几。

预言电磁波的存在

詹姆斯·克拉克·麦克斯韦是继法拉第之后集电磁学大成的伟大科学家。

1831 年 11 月 13 日生于苏格兰的爱丁堡，自幼聪颖，父亲是个知识渊博的律师，使麦克斯韦从小受到良好的教育。10 岁时进入爱丁堡中学学习，14 岁就在爱丁堡皇家学会会刊上发表了一篇关于二次曲线作图问题的论文，已显露出出众的才华。

1847 年他进入爱丁堡大学学习数学和物理，1850 年转入剑桥大学三一学院数学系学习，1854 年以第二名的成绩获史密斯奖学金，毕业留校任职两年。

1856 年在苏格兰阿伯丁的马里沙耳任自然哲学教授，1860 年到伦敦国王学院任自然哲学和天文学教授，1861 年被选为伦敦皇家学会会员，1865 年春辞去教职回到家乡系统地总结他的关于电磁学的研究成果，完成了电磁场理论的经典巨著《论电和磁》，并于 1873 年出版，1871 年受聘为剑桥大学新设立的卡文迪许实验物理学教授，负责筹建著名的卡文迪许实验室，1874 年建成后担任这个实验室的第一任主任，直到 1879 年 11 月 5 日在剑桥逝世。

卡文迪许实验室外景

麦克斯韦主要从事电磁理论、分子物理学、统计物理学、光学、力学、弹性理论方面的研究。尤其是他建立的电磁场理论，将电学、磁学、光学统一起来，是 19 世纪物理学发展的最光辉的成果，是科学史上最伟大的综合之一。他预言了电磁波的存在。这种理论预见后来得到了充分的实验验证。他为物理学树起了一座丰碑。造福于人类的无线电技术，就是以电磁场理论为基础发展起来的。

麦克斯韦大约于 1855 年开始研究电磁学，在潜心研究了法拉第关于电磁学方面的新理论和思想之后，坚信法拉第的新理论包含着真理。于是他抱着给法拉第的理论"提供数学方法基础"的愿望，决心把法拉第的天才思想以清晰准确的数学形式表示出来。他在前人成就的基础上，对整个电磁现象作了系统、全面的研究，凭借他高深的数学造诣和丰富的想象力接连发表了电磁场理论的 3 篇论文：《论法拉第的力线》（1855 年 12 月至 1856 年 2 月）；《论物理的力线》（1861—1862 年）；《电磁场的动力学理论》（1864 年 12 月 8 日）。对前人和他自己的工作进行了综合概括，将电磁场理论用简洁、对称、完美的数学形式表示出来，经后人整理和改写，成为经典电动力学主要基础的麦克斯韦方程组。据此，1865 年他预言了电磁波的存在，电磁波只可能是横波，并计算了电磁波的传播速度等于光速，同时得出结论：光是电磁波的一种形式，揭示了光现象和电磁现象之间的联系。1888 年德国物理学家赫兹用实验验证了电磁波的存在。麦克斯韦于 1873 年出版了科学名著《电磁理论》，系统、全面、完美地阐述了电磁场理论，这一理论成为经典物理学的重要支柱之一。在热力学与统计物理学方面麦克斯韦也作出了重要贡献，他是气体动力学理论的创始人之一。

1859 年他首次用统计规律得出麦克斯韦速度分布律，从而找到了由微观探求统计平均值的更确切的途径。1866 年他给出了分子按速度的分布函数的新推导方法，这种方法是以分析正向和反向碰撞为基础的。他引入了弛豫时间的概念，发展了一般形式的输运理论，并把它应用于扩散、热传导和气体内摩擦过程。1867 年引入了"统计力学"这个术语。麦克斯韦是运用数学工具分析物理问题和精确地表述科学思想的大师，他非常重视实验，由他负责建立起来的卡文迪许实验室，在他和以后几位主任的领导下，发展成为举世闻名的学术中心之一。

他善于从实验出发，经过敏锐的观察思考，应用娴熟的数学技巧，从缜密的分析和推理，大胆地提出有实验基础的假设，建立新的理论，再使理论及其预言的结论接受实验检验，逐渐完善，形成系统、完整的理论。特别是汤姆逊卓有成效地运用类比的方法使麦克斯韦深受启示，使他成为建立各种模型来类比研究不同物理现象的能手。在他的电磁场理论的 3 篇论文中多次使用了类比研究方法，寻找到了不同现象之间的联系，从而逐步揭示了科学真理。麦克斯韦严谨的科学态度和科学研究方法是人类极其宝贵的精神财富。

知识点

卡文迪许实验室的建立

在现代物理学的发展中，实验室的建设更具有重要意义。卡文迪许实验室作为 20 世纪物理学的发源地之一，它的经验具有特殊的意义。

卡文迪许实验室相当于英国剑桥大学的物理系。剑桥大学建于 1209 年，历史悠久，与牛津大学遥相呼应。卡文迪许实验室创建于 1871 年，1874 年建成，是当时剑桥大学校长 W. 卡文迪许（William Cavendish）私人捐款兴建的（他是 H·卡文迪许的近亲），这个实验室就取名为卡文迪许实验室。当时用了捐款 8 450 英镑，除盖成一座实验室楼馆外，还采购了一些仪器设备。

当时委任著名物理学家麦克斯韦负责筹建这个实验室。1874 年建成后他担任第一任实验室主任，直到他 1879 年因病去世。

延伸阅读

电灯的原理

无论晚上学习、做家务，还是观看演出、在路上行走都需要电灯的帮助。电灯能把电能变成光，为人们驱走黑暗，是我们用得最多、最普遍的电器。

电灯就像晚上的太阳一样，把光明从白天延续到了晚上。它是人类征服黑夜的一大发明。

我们现在看到的电灯准确地讲应该叫做白炽灯。它是电流把灯丝加热到白炽状态而用来发光的灯。电灯泡外壳用玻璃制成，把灯丝保持在真空或低压的惰性气体之下，作用是防止灯丝在高温之下氧化。它只有 7% ~ 8% 的电能变成可见光，90% 以上的电能转化成了热，白炽灯的发光效率很低，然而，它却是电灯世界的开路先锋。现代的白炽灯一般寿命为 1 000 小时左右。电灯是根据电产生热的原理制成的。现在的灯泡一般都选用钨丝做灯丝。别看每天生活在电灯带给我们光明中，但我们对电灯的工作原理未必知晓。其工作原理是：电流通过灯丝时产生热量，螺旋状的灯丝不断将热量聚集，使得灯丝的温度达2 000℃以上，灯丝在处于白炽状态时，就像烧红了的铁能发光一样而发出光来。灯丝的温度越高，发出的光就越亮。

抬头看看自己家里的电灯，你会发现怎么有的电灯会发黑呢？原来在电灯

内发亮的是钨丝，钨丝可以在很高的温度下保持稳定而不会熔化，而是直接升华成气体，等关灯后，温度下降，钨蒸气又重新凝华成固体覆在了灯泡内壁上，因为钨是黑色固体，所以白炽灯用久了以后，钨在灯内壁反复累积，灯泡就会变黑了。

无线电的先驱者

"国际电信联盟"在 1968 年第 23 届行政理事会上决定把电联的成立日 5 月 17 日定为"世界电信日"，每年都开展纪念活动。我们不能忘记为发明无线电通信做出卓越贡献的先驱者——马可尼。

早在 1844 年，美国人萨缪尔·莫尔斯发明了电报机，可是，那只是代表一定信息的符号，还不能传输话音，还不能解决无线通信。1864 年伟大的英国数学家，詹姆斯·克拉克·麦克斯韦通过数学推导，预言了电磁波的存在，并建立了著名的"麦克斯韦方程"。方程说明了随时间变化的电场会产生磁场，而磁场随时间变化时又会产生电场，在交变的电磁场中，电场和磁场相互转换，不可分割，形成了电磁波，并以光速在空中传播。但是，要证明电磁波的存在，并不是一件容易的事情，要通过大量的实验来证明它。直到 1887 年，杰出的德国物理学家海因里希·赫兹经过 5 年的艰苦努力，在做了大量实验以后，第一次利用一对金属棒组成的偶极子天线连接到感应线圈的火花隙上而获得高频率的电磁波，证实了麦克斯韦这一天才的预言。使人们在很长一段时间里，一直把电磁波叫做"赫兹波"。直到今天，频率的单位仍然叫赫兹。但是，赫兹却断然否认了利用电磁波进行通信的可能性。他认为，若要利用电磁波进行通信，需要有一面面积与欧洲大陆相当的巨型反射镜。

不管怎样，赫兹的实验大大地鼓舞了各国的科学家，他们纷纷利用自己手中的实验来证实赫兹的结论。奥利费·洛奇在英国，亚历山大·斯捷藩诺维奇·波波夫在俄国，奥古斯特·瑞希在意大利……

奥古斯特·瑞希当时是波伦亚大学的物理教授，马可尼是瑞希的学生。

电磁波发现之初，人们还没有充分了解这一发现的伟大意义。直到 1894 年初，赫兹逝世，当时正在比埃拉山区的欧拉巴胜地度假的马可尼看到了瑞希为赫兹写的讣告后，深深地为这位科学家的逝世而惋惜。同时他似乎又预感到了将电磁波变成为人类服务的工具这一任务已落在他的肩上。

1895 年，赫兹逝世的第二年，俄国的波波夫在 1895 年 5 月 7 日这一天，在彼得堡俄国物理化学会的物理分会上，宣读了关于"金属屑与电振荡的关系"论文，并当众表演了他发明的无线电接收机。当他的助手在大厅的另一端接通火花式电磁波发生器时，波波夫的无线电接收机便响起铃来；断开电磁波发生器，铃声立即中止。全场欢呼了，长时间为他鼓掌祝贺。

几十年后，为了纪念波波夫这一天的跨时代创举，当时的苏联政府便把 5 月 7 日定为"无线电纪念日"。就在同一年的 6 月，年方 21 岁的意大利青年马可尼利用火花放电器、感应线圈和电键做成一台发射机。他对当时的金属检波器进行了改装，并加了天线，制成了一架接收机。他的无线电收发报机，通信距离达到了 30 米，他高兴极了。

马可尼来到他父亲的别墅里，他翻阅了各种资料和杂志上关于电磁波的实验文章，开始了一系列的试验。马可尼决心要把电磁波从实验室里搬出来，成为造福于人类的东西。他说："我似乎有这样一种直觉，即这些电磁波会在不远的将来供给人类以全新的和强有力的通信手段。"凭借着这些简陋的土设备，在进行了半年多的艰苦努力后，马可尼终于在无线电信息发射和接收上迈出了一大步，他将通信距离提高到 3 千米。

1896 年，俄国的波波夫又进行了通信表演，用无线电报在相距 250 米的距离上传送了"海因里希·赫兹"几个字，以此表示他对这位电磁波先驱者的崇敬，虽然当时通信距离只有 250 米，但它毕竟是世界上最早通过无线电传送的有明确内容的电报。

马可尼通信取得成功之后，马上写信给意大利的邮电部长，请求政府给予资助，以便将无线电迅速投入使用，但这位部长对这位不出名的学生的研究和建议置若罔闻，表示不感兴趣。马可尼无奈，只好带着他的收发报机，来到了英国。马可尼来到英国之后，他的成果立即引起了人们的重视，他申请了专利，并得到了英国邮政总局总工程师威廉·普瑞斯的热情支持。在他的帮助下，马可尼又在英国进行了多次的收发报表演，从邮政大楼到银行大楼之间的 100 米的距离的收发报表演，到为一群陆军和海军军官表演，向 3 千米及 8 千米外的地方发送无线电信号，每一次都取得了成功。在 1897 年时，他的表演最远已达到 16 千米。马可尼在英国取得成功的消息很快传到了意大利，意大利政府开始对这位年轻人刮目相看。意大利政府立即邀请马可尼回国，要在斯培西亚建造一个发射站，以便能用无线电信号与海上 20 千米的军舰联系。从此，整个世界开始逐步理解无线电磁波的实用价值。

马可尼以他极大的热情，雄心勃勃地进行科学实验，通信距离越来越远，实现了一个又一个目标。1897 年，他在伦敦组织了无线电报和信号公司，后来又改为马可尼无线电报有限公司。这一年的 5 月 18 日，马可尼进行横跨布里斯托尔海峡的无线电通信获得成功。

1898 年，英国举行游艇赛，终点是距离海岸 32 千米的海上。《都柏林快报》特聘马可尼用无线电传递消息。游艇一到终点，他便通过无线电磁波，使岸上的人们立即知道胜负结果，观众为之欣喜若狂。1899 年，马可尼用心研究，改进了他的设备，他找到了控制振荡频率的方法，这样他可以不断地随时选择不同的波长。他把天线越架越高，发射距离越来越远。马可尼第一次用无线电磁波，把英吉利海峡两岸联接了起来。英吉利海峡被马可尼征服了。

1900 年，马可尼开始进行无线电磁波跨越大西洋的实验，他在英属的牙买加的康沃尔架起 60 米高的发射塔，他又赶到加拿大的纽芬兰，距离 3 400 千米。1901 年 12 月 12 日，这一天，由于 20 根天线被大风刮倒，释放的气球也被吹跑，最后只好用风筝带上 120 米长的天线，在冰天雪地的加拿大收到了英国发来的莫尔斯码 "S" 的三点信号。马可尼说，这三点信号，用了 6 年准备，花去了 20 万美元。马可尼进行的跨越大西洋通信试验的成功，标志着无线电磁波进入了实用阶段。

马可尼成功地进行横跨大西洋的无线电通信试验以后，无线电技术得到了极其迅速的发展，各种无线电收发报机大量出现，使各国政府和部门都开始利用无线电磁波进行通信。随之而来的相互干扰出现了。各国都希望制定一个有约束力的、人人都遵守的法规。

1906 年在柏林召开了第一次国际无线电报大会，有 29 个国家参加，签订了国际无线电公约。也就是那次会议上规定了海上求救信号为 "SOS"。

1914 年，第一次世界大战爆发，马可尼在意大利陆军和海军中服役，进行了军事无线电研究，并且得到应用。大战结束后，他被意大利国王任命为全权代表参加世界和平大会。

马可尼及他研制的第一台无线电发报装置

马可尼一生致力将无线电造福于人类的研究，他的才干和努力使他一生中获得了惊人的成就，得到了各种荣誉。1909 年，他荣获诺贝尔物理奖。马可尼留给人类的遗产就像无线电磁波编织的一张无形的巨网，把全世界都连在一起，无线电给人类开创了新时代，全人类也永远不会忘记这位伟大先驱的名字——马奇思·古利莫·马可尼。

1937 年 7 月 20 日马可尼病逝于罗马，罗马上万人为他举行了国葬，英国邮电局的无线电报和电话业务为之中断 2 分钟，以表示对这位首先把无线电理论用于通信的先驱者的崇敬与哀悼。

▶▶ 知识点 ▶▶▶▶▶

海因里希·鲁道夫·赫兹

海因里希·鲁道夫·赫兹（Heinrich Rudolf Hertz，1857—1894），德国物理学家，于 1888 年首先证实了电磁波的存在。并对电磁学有很大的贡献，故频率的国际单位制单位赫兹以他的名字命名。

早在少年时代就被光学和力学实验所吸引。19 岁入德累斯顿工学院学工程，由于对自然科学的爱好，次年转入柏林大学，在物理学教授亥姆霍兹指导下学习。1885 年任卡尔鲁厄大学物理学教授。1889 年，接替克劳修斯担任波恩大学物理学教授，直到逝世。

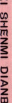

延伸阅读

世界邮政日

世界邮政日（World Post Day），即每年的 10 月 9 日，由万国邮政联盟（Universal Postal Union，UPU）设立。

万国邮政联盟的前身邮政总联盟成立于 1874 年 10 月 9 日。1969 年万国邮联在第 16 届代表大会通过决议决定每年的 10 月 9 日为"万国邮联日"。1984 年万国邮联第 19 届代表大会认为此名无法达到预期的宣传与触动作用，即决定更名为"世界邮政日"。

设立此纪念日旨在向万国邮联各成员国主管当局和广大公众宣传邮政在各国文化、经济和社会发展中的重要作用及万国邮联的工作和取得的成就，以促进邮政业务在全世界的发展。

每年的世界邮政日，万国邮联国际局总局长会发表贺词，各成员国邮政部门应围绕当年世界邮政日主题，通过媒体开展广泛的宣传活动。

伦琴射线的来历

1895 年 11 月 8 日是一个星期五。晚上，德国慕尼黑伍尔茨堡大学的整个校园都沉浸在一片静悄悄的气氛当中，大家都回家度周末去了。但是还有一个房间依然亮着灯光。灯光下，一位年过半百的学者凝视着一沓灰黑色的照相底片在发呆，仿佛陷入了深深的沉思……他在思索什么呢？

原来，这位学者以前做过一次放电实验，为了确保实验的精确性，他事先用锡纸和硬纸板把各种实验器材都包裹得严严实实，并且用一个没有安装铝窗的阴极管让阴极射线透出。可是现在，他却惊奇地发现，对着阴极射线发射的一块涂有氰亚铂酸钡的屏幕（这个屏幕用于另外一个实验）发出了光。而放电管旁边这沓原本严密封闭的底片，现在也变成了灰黑色——这说明它们已经曝光了!

　　这个一般人很快就会忽略的现象，却引起了这位学者的注意，使他产生了浓厚的兴趣。他想：底片的变化，恰恰说明放电管放出了一种穿透力极强的新射线，它甚至能够穿透装底片的袋子！一定要好好研究一下。不过，既然目前还不知道它是什么射线，于是取名"X射线"。于是，这位学者开始了对这种神秘的X射线的研究。

　　他先把一个涂有磷光物质的屏幕放在放电管附近，结果发现屏幕马上发出了亮光。接着，他尝试着拿一些平时不透光的较轻物质，比如书本、橡胶板和木板等放到放电管和屏幕之间去挡那束看不见的神

威廉·伦琴

秘射线，可是谁也不能把它挡住，在屏幕上几乎看不到任何阴影，它甚至能够轻而易举地穿透15毫米厚的铝板！直到他把一块厚厚的金属板放在放电管与屏幕之间，屏幕上才出现了金属板的阴影——看来这种射线还是没有能力穿透太厚的物质。实验还发现，只有铅板和铂板才能使屏幕不发光，当阴极管被接通时，放在旁边的照相底片也将被感光，即使用厚厚的黑纸将底片包起来也无济于事。

　　接下来更为神奇的现象发生了，一天晚上伦琴很晚也没回家，他的妻子来实验室看他，于是他的妻子便成了在那不明辐射作用下在照相底片上留下痕迹的第一人。当时伦琴要求他的妻子用手捂住照相底片。当显影后，夫妻俩在底片上看见了手指骨头和结婚戒指的影像。这一发现对于医学的价值可是十分重要的，它就像给了人们一副可以看穿肌肤的"眼镜"，能够使医生的"目光"穿透人体。

　　通过人的皮肉透视人的骨骼，清楚地观察到活体内的各种生理和病理现象。根据这一原理，后来人们发明了X射线机，X射线已经成为现代医学中一个不可缺少的武器。当人们不慎摔伤之后，为了检查是不是骨折了，不是总要

先到医院去"照一个片子"吗？这就是在用X射线照相啊！

这位学者虽然发现了X射线，但当时的人们——包括他本人在内，都不知道这种射线究竟是什么东西。直到20世纪初，人们才知道X射线实质上是一种比光波更短的电磁波，它不仅在医学中用途广泛，成为人类战胜许多疾病的有力武器，而且还为今后物理学的重大变革提供了重要的证据。正因为这些原因，在1901年诺贝尔奖的颁奖仪式上，这位学者成为世界上第一个荣获诺贝尔物理学奖的人。

为了纪念伦琴，人们将X射线命名为伦琴射线。

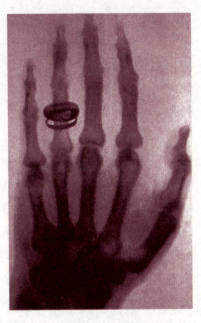

伦琴妻子手指X线照片

知识点

X射线诊断的原理

X射线应用于医学诊断，主要依据X射线的穿透作用、差别吸收、感光作用和荧光作用。由于X射线穿过人体时，受到不同程度的吸收，如骨骼吸收的X射线量比肌肉吸收的量要多，那么通过人体后的X射线量就不一样，这样便携带了人体各部位密度分布的信息，在荧光屏上或摄影胶片上引起的荧光作用或感光作用的强弱就有较大差别，因而在荧光屏上或摄影胶片上（经过显影、定影）将显示出不同密度的阴影。根据阴影浓淡的对比，结合临床表现、化验结果和病理诊断，即可判断人体某一部分是否正常。于是，X射线诊断技术便成了世界上最早应用的非创伤性的内脏检查技术。

延伸阅读

诺贝尔奖的由来

诺贝尔生于瑞典的斯德哥尔摩，是杰出的化学家、工程师、发明家、企业家。他一生共获得技术发明专利 355 项，其中以硝化甘油制作炸药的发明最为闻名，他不仅从事研究发明，而且进行工业实践，兴办实业，在欧美等五大洲 20 个国家开设了约 100 家公司和工厂，积累了巨额财富。

由于诺贝尔终生主张和平主义，也因此他对于自己改良的炸药作为破坏及战争的用途始终感到痛心。在即将辞世之际，诺贝尔立下了遗嘱："请将我的财产变做基金，每年用这个基金的利息作为奖金，奖励那些在前一年为人类做出卓越贡献的人。"

根据他的这个遗嘱，从 1901 年开始，具有国际性的诺贝尔奖创立了。诺贝尔在遗嘱中还写道："把奖金分为 5 份：一、奖给在物理学方面有最重要发现或发明的人；二、奖给在化学方面有最重要发现或新改进的人；三、奖给在生理学和医学方面有最重要发现的人；四、奖给在文学方面表现出了理想主义的倾向并有最优秀作品的人；五、奖给为国与国之间的友好、废除使用武力与贡献的人。"

诺贝尔奖的颁奖仪式都是下午举行，这是因为诺贝尔是 1896 年 12 月 10 日下午 4:30 去世的。为了纪念这位对人类进步和文明作出过重大贡献的科学家，在 1901 年第一次颁奖时，人们便选择在诺贝尔逝世的时刻举行仪式。这一有特殊意义的做法一直沿袭到现在。

贝可勒尔现象

如果从纯粹科学的观点来看，继 X 射线这一重大发现之后，1896 年，汤姆孙等人又有一个更重要的发现：当这些射线通过气体时，它们就使气体变成导电体，在这个研究范围内，液体电解质的离子说已经指明液体中的导电现象有着类似的机制。在 X 射线通过气体以后，再加以切断，气体的导电性仍然可以维持一会儿，然后就慢慢地消失了。汤姆生发现，当由于 X 射线的射入而变成导体的气体，通过玻璃棉或两个电性相反的带电板之间时，其导电性就消失了。这就说明，气体之所以能够导电，是由于含有带电的质点，这些带电的质点一旦与玻璃棉或带电板之一相接触，就放出电荷。

从这些实验可以明白，虽然离子是液体电解质中平常而永久的构造的一部分，但是，在气体中，只有 X 射线或其他电离剂施加作用时才会产生离子。如果顺其自然，离子就会渐渐重新结合乃至最终消失。玻璃面的表面很大，可能吸收离子或帮助离子重新结合。如果外加的电动势相当高，便可以使离子一产生出来就马上跑到电极上去，因而电动势再增高，电流也不能再加大。

伦琴的发现还开创了另一研究领域，即放射现象的领域。既然 X 射线能对磷光质发生显著的效应，人们很自然地就会提出这样的问题，这种磷光质或其他天然物体，是否也可以产生类似于 X 射线那样的射线呢？在这一研究中首先获得成功的是法国物理学家亨利·贝可勒尔。

贝可勒尔出身于科学世家，他的整个家族一直都在默默地研究着荧光、磷光等发光现象。他的父亲对荧光的研究在当时堪称世界一流水平，提出了铀化合物发生荧光的详细机制。贝可勒尔自幼就对物理学相当痴迷，他不止一次地在内心深处宣读誓言，一定要超出祖父、父亲所作出的贡献，为此，他作出了不知超过常人多少倍的努力。

那一天，当他冒着刺骨的冷风，参观完伦琴 X 射线的照片后，他既为伦琴的发现所激动，又为自己的无所建树而汗颜。他浮想联翩，猜想 X 射线肯定与他长期研究的荧光现象有着密切的关系。在 19 世纪末物理大发现的辉煌乐章中，贝可勒尔注定要演奏主旋律部分了。为了进一步证实 X 射线与荧光的关系，他从父亲那里找来荧光物质铀盐，立即投入到紧张而又有条不紊的实验中。他十分迫切地想知道铀盐的荧光辐射中是否含 X 射线，他把这种铀盐放在用黑纸密封的照相底片上。他在心里想，黑色密封纸可以避阳光，不会使底片感光，如果太阳光激发出的荧光中含有 X 射线，就会穿透黑纸使照相底片感光。真不知道密封底片能否感光成功。

1896 年 2 月，贝可勒尔把铀盐和密封的底片，一起放在晚冬的太阳光下，

螃蟹 X 光照片

一连曝晒了好几个小时。晚上，当他从暗室里大喊大叫着冲出来的时候，他激动得快要发疯了，他所梦寐以求的现象终于出现：铀盐使底片感光了！他又一连重复了好几次这样的实验，后来，他又用金属片放在密封的感光底片和铀盐之间，发现 X 射线是可以穿透它们使底片感光的。如果不能穿透金属片就不是 X 射线。这样做了几次以后，他发现底片感光了，X 射线穿透了他放置的铝片和铜片。这似乎更加证明，铀盐这种荧光物质在照射阳光之后，除了发出荧光，也发出了 X 射线。

1896 年 2 月 24 日，贝可勒尔把上述成果在科学院的会议上作了报告。但是，大约只过了五六天，事情就出人意料地发生了变化。贝可勒尔正想重做以上的实验时，连续几天的阴雨天，太阳躲在厚厚的云层里，怎么喊也喊不出来，他只好把包好的铀盐连同感光底片一起锁在了抽屉里。

1896 年 3 月 1 日，他试着冲洗和铀盐一起放过的底片，发现底片照常感光了。铀盐不经过太阳光的照射，也能使底片感光。善于留心实验细节的贝可勒尔一下子抓住了问题的症结。从此，他对自己在 2 月 24 日的报告，产生了怀疑，他决心一切推倒重来。这次，他又增加了另外几种荧光物质。实验结果再度表明，铀盐使照相底片感光，与是否被阳光照射没有直接的关系。贝可勒尔推测，感光必是铀盐自发地发出某种神秘射线造成的。此后，贝可勒尔便把研究重心转移到研究含铀物质上面来了，他发现所有含铀的物质都能够发射出一种神秘的射线，他把这种射线叫做"铀射线"。3 月 2 日，他在科学院的例会上报告了这一发现。他是含着喜悦的泪水向与会者报告这一切的。

后来经研究他又发现，铀盐所发出的射线，不光能够使照相底片感光，还能够使气体发生电离，放电激发温度变化。铀以不同的化合物存在，对铀发出的射线都没有影响，只要化学元素铀存在，就有放射性存在。贝可勒尔的发现，被称作"贝可勒尔现象"，后来吸引了许多物理学家来研究这一现象。

因研究这一现象而获得重大发现的是在波兰出生后来移居法国的女物理学家居里夫人。她挺身而出，冲向研究铀矿石的最前沿。没有多久，皮埃尔·居里也加入了妻子的行列。他们不知吃了多少苦头，才相继提炼出钋、镭等放射性元素，引起了全人类的高度重视。居里夫人也因为这一卓越的研究工作，荣获了 1903 年诺贝尔物理学奖，1911 年诺贝尔化学奖也授予了她，她成了一生中两次获诺贝尔奖的少数科学家之一。

X 射线的发现，把人类引进了一个完全陌生的微观国度。X 射线的发现，直接地揭开了原子的秘密，为人类深入到原子内部的科学研究，打破了坚冰，开通了航道。

居里夫人

知识点

铀 元 素

铀，是元素周期表中锕系的金属元素，原子序数为 92，元素符号是 U。铀原子有 92 个质子和 92 个电子，其中 6 个是价电子。它的中子数目介于 141 至 146 个之间，共有 6 个同位素，最普遍存在的是^{238}铀（146 个中子）及^{235}铀（143 个中子）。所有铀同位素皆不稳定，具有微弱放射性。

铀是自然元素中质量次重、原子量次高的元素，仅次于^{244}钚。它的密度比铅高出约 70%，但不如金、钨密实。铀在自然界中以数百万分率的低含量存在于土壤、矿石和水中，可借由开采沥青铀矿等含铀矿物并提炼之。

铀元素于 1789 年被德国化学家马丁·克拉普罗特首先发现。

延伸阅读

居里夫人的母爱精神

居里夫人 28 岁与皮埃尔·居里结婚。30 岁生下第一个女儿绮瑞娜。37 岁生下第二个女儿艾芙。当时正是居里夫人发现新的放射性元素钋和镭的阶段。无休无止的实验，忙碌不堪的家务，简直压得居里夫人喘不过气来，但这并没有影响她作为一个妈妈的神圣母爱。虽然她把女儿交给保姆照看，但是她每天去工作之前，一定要证实孩子是吃得好、睡得好、梳洗得干净、没有患病时，才放心地离开。而且，居里夫人也并不是把一切工作都交给保姆去做。她认为，母女之间感情的沟通，心灵的交融，必须靠自己的努力才能做到。居里夫人说："我不愿意为了世界上任何事情而阻碍我的孩子发育。"所以，即使在最苦最累的日子里，也要留出一定的时间去照料孩子，亲自给孩子洗澡换衣，抽空在孩子的新围裙边上缝上几针，她不给孩子买现成衣服，这样太奢侈也不合宜。

居里夫人从整个科学生涯和人生道路上体会出一个道理：人之智力的成就，在很大程度上依赖于品格之高尚。因此，她把自己一生追求事业和高尚品德的精神，影响和延伸到自己的子女和学生身上，利用各种机会培养孩子形成良好的道德品格。居里夫人有着两个笔记本，上面每天都记载着两个女儿的体重、食物、乳齿和思维的情况。这些日记，就像她每天所做的工作日记一样详细入微，一丝不苟。

1906 年，她的丈夫皮埃尔·居里不幸死于车祸，给她留下了一个失去儿子的 79 岁的老公公，两个女儿，最小的才一岁半。当居里夫人从悲痛中解脱出来时，她所挂念的第一件事情，就是要孩子和公公能够过上健康愉快的生活。

为了利于老人和孩子的生活，居里夫人又重新租了一套房子，房子虽然陈旧但附近有一座花园，环境宜人。居里夫人为她的这种安排付出了额外疲劳的代价，由住所到她的实验室必须坐上半小时的火车，她每天不得不像参加竞赛似的走着。

随着孩子年龄的增长，她精心安排孩子的教育计划，教她们做智力工具或手工，功课做完后她总要带孩子们步行很长的一段路，并且做一些体育活动。她还抽出时间指导孩子学习园艺、烹调和缝纫，培养她们独立生活的能力，注意保护孩子的个性，用自己的言谈举止滋润孩子的心田。

闪电的谜底

如果是运动的电荷——电流，那又将怎样呢？

在 17 世纪的时候，人们碰到过这样一桩稀奇的事情：一天，闪电击中了一家制作皮靴的作坊。雨过天晴，作坊里却发现所有的钉子和缝针全粘到铁锤和铁钳上去了。大家费了老半天的工夫，才把这些东西，一个个地取了下来。

为什么闪电会使这些铁器获得了磁性呢？这又是一个谜。

闪　电

1681 年 7 月的一天，闪电又打在一艘航船上。它烧坏了船上的一些设备，可是更糟糕的是：船上的 3 个罗盘全失去了效用，水手们再也无法用它来判定方向。

闪电又用了什么神奇的力量，使这些罗盘失去了磁性呢？

这只有在研究了闪电之后才能明白。根据科学的计算，地球上平均每天要打几百万次闪。闪电最多的地方是印度尼西亚，在那里，几乎没有一天看不到闪光。

人们决心要搞清楚闪电的本质。等知道了一些电的知识以后，很自然地，人们联想到闪会不会是带电云层之间放电的结果。我国古代的劳动人民，很早就注意到了这一点。在近代出土的殷商文物上，有一种漂亮的纹饰，叫做云雷纹，它说明人们早就知道了有云才有雷的道理。北宋时候的著名学者沈括，曾

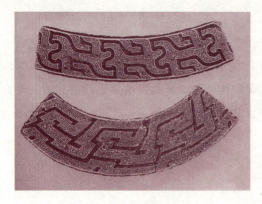

传统装饰上的云雷纹

经得到过一个古铜器，古铜器上有许多用"云"和"雷"两个古字交替构成的花纹，沈括把它称之为"云雷之象"。可见雷与云确实是分不开的。

如果追溯到更早的年代，那么东汉的唯物主义思想家王充，在他的著作《论衡》中就曾经指出："云雨至则雷电击。"可以说，他已经相当明确地指出了闪电的成因了。

在国外，后来也有人作过类似的论断，并且为了弄清楚其间的关系，还曾经尝试过"捕捉"闪电。那是 1753 年的事情。俄国科学家罗蒙诺索夫和他的朋友李赫曼，把高高的铁杆竖上了屋顶，并且用导线小心地把它和屋子里的仪器连接起来。为了证实闪的确是电，导线必须和大地绝缘。但是，这样就导致了严重的后果。7 月 26 日，满天乌云，一阵大雷雨就要来到。李赫曼匆匆地赶回家来，他要认真地看一看大气中放电的现象，证明罗蒙诺索夫论断的正确。

李赫曼走进满放仪器的屋子，他抬头向窗外望望，雷雨还远着呢！工作的责任性和认真的研究态度，使他不由自主地俯身下去对仪器作一番使用前的检查。就在这一刹那间，一个浅蓝色的拳头似的火球，向李赫曼的前额扑去。他不声不响地倒下了，从此再也没有苏醒。

等到罗蒙诺索夫闻讯赶到的时候，已经无法挽救李赫曼的生命。这一沉重的打击没有阻挡罗蒙诺索夫探求真理的决心。他仔细地分析了事故的原因，吸取了教训。罗蒙诺索夫深刻地指出："……他用悲惨的实验说明了雷电的力量是可能避免的，铁杆应该竖在雷电可能打到的空旷之处。……李赫曼先生的死是美丽的，在事业上，他履行了自己的崇高义务。"

罗蒙诺索夫勇敢地继续试验。1756 年 8 月，罗蒙诺索夫以确凿的证据，断定了闪是一种短暂的电流。就是这种短暂的"电流"，引起了前面讲过的严重的起磁和失磁！

1800 年 3 月，意大利物理学家伏打找到了制造电池的方法，从此人们能够用化学方法来产生电流了，这使得研究工作得到了极大的方便。1820 年 7

月，丹麦的物理学家奥斯特观察到了电流对磁针的影响：当导线中有电流通过的时候，导线附近的磁针发生了偏转。同年9月，法国的阿喇果把缝针放在绕着导线的玻璃管里，再让电流通过导线，使缝针获得了磁性。

闪电产生磁性的谜底找到了：原来运动的电荷——电流会产生磁。

知识点 >>>>>

雷电现象

雷电全年都会发生，而强雷电多发生于春夏之交和夏季。

在天气闷热潮湿的时候，地面上的水受热变为蒸汽，并且随地面的受热空气而上升，在空中与冷空气相遇，使上升的水蒸汽凝结成小水滴，形成积云。云中水滴受强烈气流吹袭，分裂为一些小水滴和大水滴，较大的水滴带正电荷，小水滴带负电荷。细微的水滴随风聚集形成了带负电的雷云；带正电的较大水滴常常向地面降落而形成雨，或悬浮在空中。由于静电感应，带负电的雷云，在大地表面感应有正电荷。这样雷云与大地间形成了一个大的电容器。当电场强度很大，超过大气的击穿强度时，即发生了雷云与大地间的放电，就是一般所说的雷击。雷电是大气中的一种放电现象。

雷雨云在形成过程中，一部分积聚起正电荷，另一部分积聚起负电荷，当这些电荷积聚到一定程度时，就产生放电现象。放电有的发生在云层与云层之间，有的则发生在云层与大地之间，这两种放电现象俗称打雷。打雷造成危害又叫雷击。

雷击分为直接雷击与间接雷击。它会破坏建筑物、电气设备，伤害人、畜。打雷放电时间极短，但电流异常强大。放电时产生的强光，就是闪电。闪电时释放出的大量热能，能使局部空气温度瞬间升高1万~2万℃。如此巨大的能量，具有极大的破坏力，可造成电线杆、房屋等被劈裂倒塌以及人、畜伤亡，还会引起火灾及易爆物品的爆炸。由于光速要远大于声音传播的速度，所以我们先看到闪电，过一会才会传来轰隆隆的雷声。

延伸阅读

被雷击了怎么办

遭雷击不一定致命。许多人都曾逃过大难，只感到触电和遭受轻微烧伤而已。也有人遭雷击导致骨折（因触电引起肌肉痉挛所致）、严重烧伤和其他外伤。

当人体被雷击中后，往往会觉得遭雷击的人身上还有电，不敢抢救而延误了救援时间，其实这种观念是错误的。如果出现了因雷击昏倒而"假死"的状态时，可以采取如下的救护方法：如果触电者昏迷，把他安置成卧式，使他保持温暖、舒适，立即施行触电急救、人工呼吸是十分必要的。

（1）进行口对口人工呼吸。雷击后进行人工呼吸的时间越早，对伤者的身体恢复越好，因为人脑缺氧时间超过十几分钟就会有致命危险。如果能在 4 分钟内以心肺复苏法进行抢救，让心脏恢复跳动，可能还来得及救活。

（2）对伤者进行心脏按摩，并迅速通知医院进行抢救处理。如果遇到一群人被闪电击中，那些会发出呻吟的人不要紧，应先抢救那些已无法发出声息的人。

（3）如果伤者衣服着火，马上让他躺下，使火焰不致烧及面部。不然，伤者可能死于缺氧或烧伤。也可往伤者身上泼水，或者用厚外衣、毯子把伤者裹住以扑灭火焰。伤者切勿因惊慌而奔跑，这样会使火越烧越旺，可在地上翻滚以扑灭火焰，或趴在有水的洼地、池中熄灭火焰。用冷水冷却伤处，然后盖上敷料，例如用折好的手帕清洁并盖在伤口上，再用干净布条包扎。

从莱顿瓶到天线

当然，要使电磁波能远涉重洋，绝不是一件十分简单的事。它必须要有迅速变化的电场和磁场。怎样才能获得迅速变化的电场和磁场呢？用法拉第的那个抽插磁铁的办法，当然是不行的。因为这样的变化太慢了。缓慢变化的电磁场有一种古怪的脾气，它不爱出门，到不了离家太远的地方。最好的办法是让电荷荡起"秋千"来。

电荷怎么会荡秋千呢？

会的！但是它必须得有特殊的"秋千架"。让我们来讲一讲这种古怪的"秋千架"吧。

它可不是你所常见的木头秋千架。最早的式样是一个瓶子和一只铜叉。瓶子能做成秋千架，这真是新鲜不过的事情。还在18世纪中叶的时候，在荷兰莱顿城，有人发明了一种瓶子，可以存贮电荷。人们就把它称为"莱顿瓶"。莱顿瓶实际上就是里、外都贴了一张金箔的玻璃瓶，后来因为不一定要把它做成瓶子的形状，中间也不一定要隔一层玻璃，因此慢慢地，大家就把这种装电的容器叫做"电容器"。

放电中的莱顿瓶

电容器装满了电之后，两片金箔或者两块金属板上就分别带上了正、负两种电荷，我们把它们叫做正极板和负极板。正、负电荷是要互相吸引的，因为隔了一层玻璃、云母、蜡纸之类的绝缘物质，无路可通，所以不能跑到一起去。倘使用一根导线做成的线圈，跨接到电容器的两块极板上，那么电荷就可以沿着导线畅通无阻了。这种运动的电荷是电子。电荷通过导线的时候，导线中就有了电流。

但是电子的先头部队并不多，慢慢地才是大队人马向正极板奔去，又由于极板上没有后援，所以电流是慢慢地增大，又渐渐地减小。一句话，导线中通过的是变化的电流。变化的电流就会产生相应的磁场，因此线圈的磁场慢慢地强起来，又渐渐地弱下去。

这是变化的磁场。变化的磁场是会引起电流的。这个电流使正负极板上的电荷中和之后还不肯罢休，它使过多的电子堆积到了原来的正极板上。这样，原来的正极板上又多出了负电荷，变成了负极板；原来的负极板，却因为失去了电子——负电荷，而变成正极板了。这样的结果等于又使电容器充了电，不过现在正、负极板的位置对调了。因为线圈一直跨接在电容器的两块极板上，所以，紧接着，刚才的那个过程又重复发生了：负电荷沿着导线向正极板奔去，同时产生了电流的磁场。最后，正极板又变成负极板，负极板却成了正的。

就这样，电场和磁场交替地变化着。这种变化进行得非常之快，每秒几十万次、几百万次，以至几千万次以上。电荷来回不停地奔跑，就好像钟摆来回不停地走动，我们把它称为"电磁振荡"。每秒钟电荷来回奔跑的次数越多，我们就说它振荡的频率越高。

产生高频率的电磁振荡，是获得电磁波的先决条件。但是，实现了高频率的振荡，还不一定能把电磁波传向远方。

关在盒子里的蟋蟀叫不响亮，关上了门窗喊话的声音就传不出去，要让电磁波传向远方，也应当替它打开"门窗"。为了这个目的，人们建起了高高的铁塔，把一根金属电线挂到天上。并且给这样的电线取了一个名字，把它叫做"天线"。

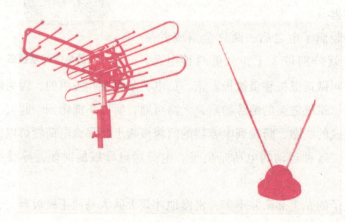

电视天线

天线实际上就是电容器的一块极板，电容器的另一块极板，则深深地埋在地下。既有了高频的振荡，又有了辐射的天线，这样，电磁波就可以随心所欲，展翅飞翔了。

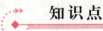

知识点

天线的带宽

　　天线是一种变换器，它把传输线上传播的导行波，变换成在无界媒介（通常是自由空间）中传播的电磁波，或者进行相反的变换，是无线电设备中用来发射或接收电磁波的部件。

　　天线的带宽是指它有效工作的频率范围，通常以其谐振频率为中心。天线带宽可以通过以下多种技术增大，如使用较粗的金属线，使用金属"网笼"来近似更粗的金属线，尖端变细的天线元件（如馈电喇叭中），以及多天线集成的单一部件，使用特性阻抗来选择正确的天线。小型天线通常使用方便，但在带宽、尺寸和效率上有着不可避免的限制。

延伸阅读

家庭节电小常识

　　（1）照明节电。日光灯具有发光效率高、光线柔和、寿命长、耗电少的特点，一盏14瓦节能日光灯的亮度相当于75瓦白炽灯的亮度，用日光灯代替白炽灯可以使耗电量大大降低。在走廊和卫生间可以安装小功率的日光灯。看电视时，只开1瓦节电日光灯，既节约用电，收看效果又理想。还要做到人走灯灭，消灭"长明灯"。

　　（2）电视机节电。电视机的最亮状态比最暗状态多耗电50%～60%；音量开得越大，耗电量也越大。所以看电视时，亮度和音量应调到人感觉最佳的状态，不要过亮，音量也不要太大。这样不仅能节电，而且有助于延长电视机的使用寿命。有些电视机只要插上电源插头，显像管就预热，耗电量为6～8

瓦。所以电视机关上后，应把插头从电源插座上拔下来。

（3）电冰箱节电。电冰箱应放置在阴凉通风处，绝不能靠近热源，以保证散热片很好地散热。使用电冰箱节能时，尽量减少开门次数和时间。电冰箱内的食物不要塞得太满，食物之间要留有空隙，以便冷气对流。准备食用的冷冻食物，要提前在冷藏室里慢慢融化，这样可以降低冷藏室温度，节省电能消耗。

（4）洗衣机节电。洗衣机的耗电量取决于电动机的额定功率和使用时间的长短。电动机的功率是固定的，所以恰当地减少洗涤时间，就能节约用电。洗涤时间的长短，要根据衣物的种类和脏污程度来决定。一般洗涤丝绸等精细衣物的时间可短些，洗涤棉、麻等粗厚织物的时间可稍长些。如果用洗衣机漂洗，可以先把衣物上的肥皂水或洗衣粉泡沫拧干，再进行漂洗，既可以节约用电，也减少了漂清次数，达到节电的目的。

（5）电风扇节电。一般扇叶大的电风扇，电功率就大，消耗的电能也多。同一台电风扇的最快挡与最慢挡的耗电量相差约40%，在快挡上使用1小时的耗电量可在慢挡上使用将近2小时。所以，常用慢速度，可减少电风扇的耗电量。

解读脑电磁波

人身上都有磁场，但人思考的时候，磁场会发生改变，形成一种生物电流，我们就把它称为"脑电磁波"，通过能量守恒，我们思考的越用力，形成的电磁波也就越强，于是也就能解释为什么大量的脑力劳动会导致比体力劳动更大的饥饿感。生物电现象是生命活动的基本特征之一，各种生物均有电活动的表现，大如鲸，小到细菌，都有或强或弱的生物电。其实，英文细胞一词也有电池的含义，无数的细胞就相当于一节节微型的小电池，是生物电的源泉。

我们的脑无时无刻不在产生脑电磁波。早在1857年，英国的一位青年生理科学工作者卡通在兔脑和猴脑上记录到了脑电活动，并发表了"脑灰质电现象的研究"论文，但当时并没有引起重视。15年后，贝克再一次发表脑电磁波的论文，才掀起研究脑电现象的热潮，直至1924年德国的精神病学家贝格尔才真正地记录到了人脑的脑电磁波，从此诞生了人的脑电图。

这是一些自发的有节律的神经电活动，其频率变动范围在每秒 1～30 次之间，可划分为 4 个波段，即 δ（1～3 赫兹）、θ（4～7 赫兹）、α（8～13 赫兹）、β（14～30 赫兹）。

δ 波，频率为 1～3 次/秒，当人在婴儿期或智力发育不成熟、成年人在极度疲劳和昏睡状态下，可出现这种波段。

θ 波，频率为 4～7 次/秒，成年人在意愿受到挫折和抑郁时以及精神病患者这种波极为显著。但此波为少年（10～17 岁）的脑电图中的主要成分。

α 波，频率为 8～13 次/秒，平均数为 10 次左右，它是正常人脑电磁波的基本节律，如果没有外加的刺激，其频率是相当恒定的。人在清醒、安静并闭眼时该节律最为明显，睁开眼睛或接受其他刺激时，α 波即刻消失。

β 波，频率为 14～30 次/秒，当精神紧张和情绪激动或亢奋时出现此波，当人从睡梦中惊醒时，原来的慢波节律可立即被该节律所替代。

在人心情愉悦或静思冥想时，一直兴奋的 β 波、δ 波或 θ 波此刻弱了下来，α 波相对来说得到了强化，因为这种波形最接近右脑的脑电生物节律，于是人的灵感状态就出现了。脑电磁波的节律来源于丘脑，科学家曾将动物大脑皮层与丘脑的联系切断，脑电磁波的节律消失，而丘脑的电节律活动仍然保持着。如果用 8～13 赫兹的电脉冲刺激丘脑，在大脑皮层可出现类似 α 节律的脑电磁波。因此，正常脑电磁波的维持需要大脑与丘脑都要完好无损。

另外，大家都知道"电生磁，磁生电"的道理，也就是说，电场与磁场总是相伴而生的。既然人脑有生物电或电场的变化，那么肯定有磁场的存在。果然，科学家 Cohen 于 1968 年首次测到了脑磁场。由于人脑磁场比较微弱，加上地球磁场及其他磁场的干扰，必须有良好的磁屏蔽室和高灵敏度的测定仪才能测到。1971 年，国外有人在磁屏蔽室内首次记录到了脑磁图。脑磁测量是一种无损伤的探测方法，可以确定不同的生理活动或心理状态下脑内产生兴奋性部位，无疑是检测脑疾病的有效方法之一。

脑电磁波或脑电图是一种比较敏感的客观指标，不仅可以用于脑科学的基础理论研究，而且更重要的意义在于它的临床实践的应用，与人类的健康息息相关。

科学研究发现，在脑电图上大脑可产生 4 类脑电磁波：当你在紧张状态下，大脑产生的是 β 波；当你感到睡意朦胧时，脑电磁波就变成 θ 波；进入深睡时，变成δ波；当你的身体放松，大脑活跃，灵感不断的时候，就导出了α脑电磁波。

许多研究人员相信，人们可以通过潜意识很好地学习大量信息。最适于潜意识的脑电磁波活动是以8～12周/秒速度进行的，那就是α波。英国快速学习革新家科林·罗斯说："这种脑电磁波以放松和沉思为特征，是你在其中幻想、施展想象力的大脑状态。它是一种放松性警觉状态，能促进灵感、加快资料收集、增强记忆。α波让你进入潜意识，而且由于你的自我形象主要在你的潜意识之中，因而它是进入潜意识唯一有效的途径。"

静坐冥想利于放松

人一般是怎样取得那种状态呢？数以千计的人通过每天的静心或放松性活动，特别是深呼吸来取得。但是，越来越多的教师确信，几种音乐能更快、更容易地取得这些效果。韦伯指出："某些类型的音乐节奏有助于放松身体、安抚呼吸、平静β波振颤，并引发极易于进行新信息学习的、舒缓的放松性警觉状态。"当然，正如电视和电台广告每天证实的那样，当音乐配以文字，许多种音乐能帮助你记住信息内容。但是研究人员现在已经发现，一些巴洛克音乐是快速提高学习效果的理想音乐，一部分原因是因为巴洛克音乐60～70拍/分的节奏与α脑电磁波一致。

技巧丰富的教师现在将这种音乐用作所有快速学习教学的一个重要组成部分。但对于自学者来说，眼前的意义是显而易见的，即当你晚上想要复习学习内容时，放恰当的音乐就会极大地增强你的回忆能力。α波也适合于开始每一次新的学习。很简单，在开始前，你当然得清理思路。将办公室的问题带到高尔夫球场上，你就打不好球，会心不在焉。学习也是如此。从高中法语课马上转上数学课，这会难于"换档"。但是花一会儿时间做做深呼吸运动，你就会开始放松。放一些轻松的音乐，闭上眼睛，想想你能想象到的最宁静的景象——你很快会进入放松性警觉状态，这一状态会更易于使信息"飘进"长期记忆之中。

因此可以说，α脑电磁波可以通过冥想、放松、深呼吸等方法获得，而巴洛克音乐，是效果最快、最好的导出方式。因此，在我们的训练过程中，始终辅以轻快优雅的巴洛克音乐背景，既能排除外界干扰，又可使大脑处于最佳学习状态，达到事半功倍的学习效果。

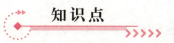

知识点

潜意识

潜意识也称无意识，是指那些在正常情况下根本不能变为意识的东西，比如，内心深处被压抑而从没意识到的欲望。正是所谓"冰山理论"：人的意识组成就像一座冰山，露出水面的只是一小部分（意识），但隐藏在水下的绝大部分却对其余部分产生影响（无意识）。

弗洛伊德认为无意识具有能动作用，它主动地对人的性格和行为施加压力和影响。弗洛伊德在探究人的精神领域时运用了决定论的原则，认为事出必有因。看来微不足道的事情，如做梦、口误和笔误，都是由大脑中潜在原因决定的，只不过是以另一种伪装的形式表现出来。由此，弗洛伊德提出关于无意识精神状态的假设，将意识划分为3个层次：意识、潜意识和无意识。

延伸阅读

脑电磁波的寄体——灵魂

灵魂与肉体的关系是哲学家长期争论不休的问题。历史上形成的主要观点是：灵魂主宰肉体，同时灵魂也可以离开肉体，肉体也可以压迫灵魂（基督教）。但是这一切都是无稽之谈。其实，所谓的灵魂也就是我们人体内的精神之所在。

灵魂是意识的内核，灵魂对人作终极关怀，灵魂安详，意识就会清新；灵魂动荡不安，意识就会茫然。灵魂与一个人的境界、精神气质、良心良知有很大的关系。意识对灵魂可以进行引导，必须经常问问自己的内心：你活得快活吗？你所追求的是你真正想要的吗？你对自己的生存状态满意吗？也就是说要拷问自己的灵魂。宗教与艺术在一定意义上就是与心灵的对话，使人的灵魂得到净化，精神得到升华。

意识是以脑电磁波为传导工具，或者说意识控制着脑电磁波，人活着的时候，脑电磁波的存在是不言而喻的，那么人死后，就没有意识存在，那么人所控制的脑电磁波就会戛然而止，所谓的"灵魂"也就因此而消失。所以我们要正确对待意识与脑电磁波的关系，迷信的说法我们一定要摒弃。

"心诚自灵"、"精诚所至，金石为开"、"信则有，不信则无"这是中国民间对宗教所持的态度和看法。用意识和脑电磁波的学说来解释，神实际上也是人的意识建构的一个东西，久而久之形成了一个信仰系统，有它的教义、情感、价值观念、甚至一定的偶像，众信徒诚心供奉就会形成一个强大的信息场或者意识流，而与信徒个人的脑电磁波发生共鸣，从而产生奇迹，使信徒的愿望得以实现。

电磁波的应用

DIANCIBO DE YINGYONG

我们已经知道，电磁波包括无线电磁波、X射线、γ射线、红外线、紫外线等，它们的区别仅在于频率或波长有很大差别。光波的频率比无线电磁波的频率要高很多，光波的波长比无线电磁波的波长短很多；而X射线和γ射线的频率则更高，波长则更短。实际生活或军事领域中，电磁波的应用都非常广泛。

无线电磁波进行调制后可以载有各种信息，用来通信。比如无线电广播、无线电话与电视，都是利用电磁波来进行的，它们和电子计算机的结合，使电信科学展现了崭新的风貌。微波是波长较无线电磁波短的电磁波，传播时直线性好用来作为雷达波、红外线热成像仪等，还可广泛地运用于对人们生活便利的微波炉。借助不同波段的红外线的不同物理性质，可制成红外线眼镜与不同功能的遥感器。紫外线频率比可见光高，有显著的荧光反应，可制成紫外线灯，用来消毒。X射线是原子核内层电子受激发发出的光，广泛运用于医疗上，用来辅助诊断。γ射线穿透力很强，应用于化疗与育种等。

不仅如此，电磁波还被应用于海洋的探秘、通信卫星的使用与天文的观测，不管是对人们的生活，还是世界的发展，都起到了非常重要的作用。尽管这样，我们仍需努力学习探索，造福人类。

海洋深处探秘

　　在我们伟大祖国的美丽土地上，每天都发生着无数有意义的事情。为了及时报道这些生动的消息，报纸和广播电台的记者们不分昼夜、不顾寒暑地四处奔走，他们把采访得来的新闻，尽快地发布到世界各地。他们有时候用车辆装载着电视设备，有时则背起小型发射机，提起电视摄像机，忙碌地活跃在现场上，摄取人们迫切需要知道的现场情景，并且立刻把它们传送到电视观众的面前。不久前，人们还把电视机和强烈的光源一起放到几百米深的海里，去探索海洋的秘密。

海底世界

　　要知道，水下可真是一个奇妙的世界，因为在那里温度恒定，变化很少，而且有些地方暖流和寒流正好汇合，特殊的环境，给不少生物创造了一种有利的生活条件，使它们茁壮生长。所以在海底，水草会长得跟森林一样，长达3米多的海带会密密麻麻地纠缠在一起；闪烁发光的海胆，大的、小的、红的、紫的、蓝的和绿的海星，美丽得跟节日里姑娘们头上的发结一样；游姿婀娜、飘忽不定的海鳐，皮层粗糙、呆头傻脑的海雀，简直使潜水员目不暇接。在这样奇妙的地方，谁不想多待一会儿呢？可是刺骨的寒冷，却使你不敢久停，尽管穿着厚厚的橡皮衣，隔着玻璃的防水帽，但那冰也似的海水，仍然冻得你手足针刺般地疼痛，最多几十分钟，就不得不匆匆地回到水面上来

　　开拓富饶的海底世界，是当前十分引人注目的任务。在那里蕴藏着远比陆地丰富得多的石油、矿产和天然气。这样，电视就理所当然地成了人们探索海洋奥秘的助手了。因为通过电视，可以把那儿的景色传送到荧光屏上来，潜水

员不必担心寒流的侵袭或者鲨鱼的攻击。

但是，海底里的环境毕竟和地面不同，在那里，光线很微弱，即使在晴朗的白天，阳光也只能透入 30 米左右的深度，再往下去，几乎就伸手不见五指了。所以要在水下摄像，只有两个办法，一是用强烈的光源把水下世界照亮，一是采用灵敏度很高的摄像装置，让它能感受极微弱的光线。第一种办法当然简单易行，可惜

遥控水下电视系统

水下的生物已经习惯了它们自己的环境，当强光把它的周围照得通明时，它们也就逃之夭夭了。

现代的水底电视采用了一种"图像增强器"，它可以使光电效应产生的电子，经过几级电场的加速，获得很大的能量，最后在屏幕上呈现出一个比实际景物亮上几万倍的图像来。

利用这样的水下电视，人们可以方便地对海底地质地貌进行考察，还可用来选择水下建筑工程的场地，以及打捞沉船、侦察鱼群，甚至用来搜索敌方的潜艇和作为水下武器的制导系统呢！目前，利用图像增强器件制造成功的"微光电视"正在迅速发展，它可以凭借残月和星光，把遥远的、肉眼根本看不见的东西的图像，清晰地映在屏幕上，成了夜间作战侦察和监视的有效手段。

知识点

可见光水下电视

水下电视是将摄像机置于水下，对水中目标进行摄像的应用电视。用于水下侦察、探雷、导航、抢险救生、资源调查勘探等。可见光水下电视属于水下电视的一种。

可见光水下电视，使用较普遍。由水下摄像机、传输电缆、控制器和监视器等组成。水下摄像机置于耐压、防水、抗腐蚀的金属壳内，由潜水员携带或安装在深潜器或拖体内；通常使用高灵敏度的摄像管，光灵敏度可达100 勒克斯（靶面照度）；工作深度可达 6 000 米。控制器和监视器通常设在运载平台（如救生船）上，通过传输电缆与水下摄像机相连，进行遥控摄像并监视所摄图像。可见光水下电视根据使用需要，还配有其他附属设备，如录像机、水下照明灯具，潜水员携带摄像机时使用的水下通信工具，固定摄像机用的稳定、旋转装置等。海水对可见光吸收和散射作用很强，能量衰减迅速，可视距离有限，水深大于 30 米时，一般均须用人工照明，在透明度较高的水中，可视距离为 30 米左右。正在发展中的水下激光电视，其可视距离比一般可见光大 4 倍左右。

延伸阅读

潜水服发展史

潜水服是潜水作业的必备器具，可以看作是深潜器的辅助设备。潜水服的设想出现较早。1617 年，凯斯勒曾设计出一种水中服装和空气皮袋，但没有实际使用。1679 年，意大利人博雷利制造了世界上第一套潜水服，即对原来那种只露出两只眼睛并装有一根通气管的头盔式的潜水器进行了改进。他制造的潜水服是一种与现代潜水服相似的密封装备，潜水服里靠气泵保持空气流通，潜水员穿上它就可以避免或减轻水下的压力。

1715 年，莱思布里奇制出了一种皮制潜水服，但这种潜水服只能在 3～5 米以内的水深中使用。1797 年，克林盖特设计制造了用锡制圆筒帽罩在头部、用皮革制成的救生衣的潜水服，并取得了潜水的成功。1819 年，英国人西贝发明了一种比较成功的水面气泵式潜水服，这种潜水服与水面的空气唧筒相联结，并配以钢制的头盔，可以潜到水下 75 米的深处。1857 年，法国人卡比罗尔发明了橡皮制成的潜水服，这种潜水服经过以后的多次改进，至今仍在使用。

1865 年，鲁凯罗尔的德奈鲁里将西贝的头盔和卡比罗尔的橡皮潜水服结合起来，制成了自由式潜水服。这种潜水服有一个随水深改变气压的自动调压箱，潜水员可以在与水面无任何联系的情况下在水下自由行动。同时，使用这种自由式潜水服，就不再需要向潜水员压送空气了。

1924 年，美国海军研制出了氦氧混合气体送气法，使用这种设备可使潜水深度达到 150 米。1943 年，法国海军少校库斯陶设计出一种具有 15～20 兆帕的背负式压缩氧气瓶水中呼吸器，从而使潜水员可以远离母船而潜入水下40 米深处，它使潜水员不再受母船送气的限制，潜水作业领域不断扩展。

无线电话

在电子学方面，无线电通信和无线电广播的地位是非常重要的。现代的无线电通信及广播系统，依照无线电报的电码，发射出周期性的断续无线电磁波（等幅波），此种系统称为无线电报。发出经语言或音乐的调变后的无线电磁波，这种系统称为无线电话。

现在，让我们随着声音去作一次短途旅行，看看无线电话是怎样发送出去的。

假设，使用的是一只最普通的话筒，那么，声音跑进里面，推着弹性薄膜振一振，动一动，变成了强弱变化的电流，沿着导线来到了电子管或者晶体管中。

它们往往是从栅极或者基极进去，而从阳极或者集电极出来。这时候，它们的"个儿"长高了，"体力"增强了。我们说，音频电信号经过电子管或者晶体管得到了"放大"。

另一方面，一些电子管或者晶体管，跟线圈、电容在一起，组成了让电荷来回

无线电话

奔跑的道路，产生着高频率的振荡。

当把高频率的电磁振荡放大以后，跟放大了的音频信号一起，送到另外一只电子管或者晶体管的不同电极上的时候，奇妙的"合作"现象发生了：因为这只管子的工作既要听从高频振荡的指挥，又摆脱不了音频信号的影响，结果两种信号就相互迭加起来，变成了一个统一的整体。这就是"调制"。

警车用无线电

把声音电信号"装"到了高频载波上以后，经过一番放大，就像载重汽车装完了货物，加足了油，可以踏上征途一样，应该出发了。

携带着声音信息的高频电磁信号，爬上天线，飞入空中，越过阡陌纵横的田野，跨过奔流向前的河川，开始了长途的旅行。因为它们要去的目的地远近不同，所以有时候信号要从高高耸立的铁塔上跃身而出，有时却只从人们背负的短短一根金属棒上脱身起步。特别有意思的是，在人造地球卫星遨游太空之后，现在地面上的人们打通一个无线电话，往往是先把无线电信号送到小小的卫星上，然后请卫星再转发到地面的。近几年里，国内外已经开始把无线电话安装在小汽车里，所以即使坐在行驶的汽车里，通过卫星的帮助，也能随时和世界各地拨通电话。

▶▶ 知识点 ▸▸▸▸▸

晶体管

晶体管是一种固体半导体器件，可以用于放大、开关、稳压、信号调制和许多其他功能。

晶体管作为一种可变开关，基于输入的电压，控制流出的电流，因此晶体管可作为电流的开关，和一般机械开关不同处在于晶体管是利用电讯号来控制，而且开关速度可以非常之快，在实验室中的切换速度可达 100GHz 以上。

晶体管种类很多，依工作原理可粗分为双极性接面晶体管和场效应晶体管。晶体管有 3 个极；双极性晶体管的 3 个极，分别由 N 型跟 P 型组成发射极、基极和集电极；场效应晶体管的 3 个极，分别是源极、栅极和漏极。

晶体管被认为是现代历史中最伟大的发明之一，在重要性方面可以与印刷术、汽车和电话等发明相提并论。

延伸阅读

无绳电话

无绳电话又称室内无绳电话，是一种包含有一个或多个手机（子机）及一个母机的电话，手机可以以无线电通讯方式透过母机而连线到公共交换电话网（PSTN）。其通讯范围受限于无线电通讯距离，一般也较小。也有叫做"子母机系统"。它是怎么发展起来的呢？

1965 年，一位爵士音乐人 Teri Pall，发明了室内无绳电话，但由于有效距离太远造成干扰，她的发明不能商业化，1968，她把专利售予一家生产商。

1966 年，一位美国的业余无线电爱好者兼发明家 George Sweigert 发明了全双工无线电通讯设备，1969 年获得专利，被誉为室内无绳电话之父。

1974 年，Douglas G. Talley 在双工无线电通讯频道中加入控制能力，使得室内无绳电话能通过语言频道控制母机接上公共交换电话网，并且能进行拨号等动作。

1980 年，包括 SONY 在内的生产商把室内无绳电话引进消费市场。

无线电广播

　　发出的无线电磁波能携带语言或音乐等声音讯号为广大听众服务，叫无线电广播。在无线电播音时，利用一种无阻滞的电磁波作为载波，并使播音管栅极电路中的线圈，与播音电路的线圈耦合。因此，语言和音乐就被携带于载波上。利用所谓栅极转调的声波外差法，可将载波变成不等幅且随声波变化的电磁波。即好像在高频上驮着音频信号。收音机将此种电磁波接收并放大后，再加以检波，使之收到所需要的音频信号。然后输入到扩音器（或耳机）变成声音。

　　无线电广播不但在文化生活方面起着巨大的作用，而且也是对广大人民群众进行政治思想教育的有力工具。在我国，由于党的领导和关怀，随着社会主义建设的胜利推进，无线电广播事业也有了迅速的发展。现在，全国已经建立了数以百计的广播电台，每天都在一定的时间，以一定的波长，用不同的语言或方言，广播着祖国建设中振奋人心的消息，宣传着党的政策。同时，还把变化的气象告诉大家，让人们掌握大自然跳动的脉搏，安排好生产和劳动；把优秀的文艺节目播送给听众，让人们的生活更丰富多彩。

广播电台发射塔

　　现在世界上各个广播电台发射的无线电磁波有两种：一种叫调幅波，另一种叫调频波。能接收调幅波的收音机就叫调幅收音机，能接收调频波的收音机就叫调频收音机。下面我们重点来谈谈什么是调幅波：

　　我们平常从收音机里听到的各种声音（如人的说话声、音乐声等）本身的传播距离是十分短的，如某人在大声吼叫时，其他人能在 30 米外听清楚已是非常不易了。

而通过无线电广播（发射与接收），声音却可以传到上千千米、上万千米以外，而且传送的时间是基本忽略不计的。这神奇的效果并不是声音本身所能做到的，而是声音通过"搭载"在无线电磁波上实现的。

我们知道，无线电磁波的传播速度是很快的，而且在空中传播损耗也非常小，这是实现快速而又远距离传播的先决条件。按无线电专业技术术语，把声音"搭载"在无线电磁波上

多波段收音机

叫"调制"，而被当做传播交通工具的无线电磁波则叫"载波"。把声音调制到载波的方式又有两种：一种是让载波的幅度随着声音的大小而变化，这种方式叫调幅制，被调制后的电磁波我们称之为调幅波；另一种是让载波的频率随声音的大小而变化，这种方式叫调频制，被调制后的电磁波，我们称之为调频波。

什么是调幅（AM）

调幅是用无线电磁波传送信息的一种方法。尽管无线电磁波不传送声波，但它在传送所需的信息时可以产生特殊的声波。声波是通过压缩空气或使其变稀薄而产生的纵波。当发射无线电磁波时，调频信号能表示出通过改变或调节无线电磁波振幅而产生的密集和稀薄的变化量，压缩空气，产生高振幅无线电磁波。使气体变稀薄时，就发射出了低振幅无线电磁波。无线电接收器测量振幅的变化并将信息传送给广播员，他可以根据这个信息做出调整以发出最适合的声波。

什么是调频（FM）

调频或调频无线电磁波代表了广播员通过引起无线电磁波频率的微小变化使空气压缩或变稀薄。为了使空气压缩，无线电磁波的频率被略微加快；要使空气变稀薄，无线电磁波的频率就被略微地降低。一些调频电台比调幅电台有

更大的频段，它们可以对频率做轻微的调节而不会干扰到邻近电台。

在电磁波频谱中如何能找到调幅和调频？调幅无线电位于频段 550~1 600 千赫之间。而调频无线电位于频段 88~108 兆赫之间。其他的无线电频段，如警察使用的频段、电视频段和短波通讯也使用调幅和调频传送信息的通讯方法。

除了调频无线电通信外还有哪些系统使用调节频率的方式传送声音信息呢？除了在 88~108 兆赫频段之间的调频无线电通信外，其他广播频率使用调频以最大功率传送信息，这与调幅使用变化的功率是不同的。电视机的声音、移动手机系统和微波无线电系统都使用调频以高保真的声音传送信息。既然这些频率处于射频频谱的高端，要有效地使用调频只需要具有瞄准线射程（瞄准线：能够直接从发射点到接受点的线）。

为什么许多微波传输系统在调频和调幅之间变化？一些高频微波传输系统在调频和调幅之间变化是因为高频的波动范围较小，就像调幅无线电传送一样，会经常受到其他频道的干扰。因此，随着调幅广播技术的发展，许多高频微波传输系统可以选择被称为单边带或 SSB 调幅传输的方式。单边带调幅能使微波传输系统传送的声音信号达到调频微波系统所传送声音信号的 3 倍多。然而，随着技术的不断进步，该系统已经被改变为脉冲码解调系统，这种数字传输系统可以传送更大量的即时信号。

调频电台如何传输立体声

立体声是由两个说话者发出两种单独的声音。无线电磁波每次只能传输一个频率，很难从两个说话者中得到两种不同的声音。

根据美国联邦通信委员会的统计，调频的频率只能在 50~15 000 赫兹内对说话者产生声波（人的听力范围在 20~20 000 赫兹之间）。尽管说话者不能产生超过 1.5 万赫兹的声音，但接收者可以接收这种高频信息。电台希望用立体声以 1.9 万赫兹将"导频信号"传送给接收者，这就可以将接收者所需的信息以立体声广播的方式传送了。

收音机作为一种接收工具，其内部线路是根据其所需接收的无线电广播（电磁波）的调制方式不同而采取不同的接收电路。现在一般较高档的收音机基本是调幅与调频两种广播均能接收，用户通过拨动收音机上的波段开关来选择即可。

◆ 知识点 ▶▶▶▶

收音机的工作原理

收音机的基本工作原理可以简单归纳为三步曲：第一步要接收到相应频率的无线电磁波，第二步是从无线电磁波上取出调制在其上的声音信息，第三步是把声音信息还原成人耳能听到的声音。

下面我们较详细地来介绍这3个过程：

1. 无线电已与我们人类的工作、生活密不可分，如广播、电视、无线通讯等，可以说我们是生活在无线电磁波的包围中。用于无线广播的无线电频率是非常众多的，一个频率对应一个电台的一套广播节目，而一台收音机一次也只能收听一个频率的广播节目。这就提出了一个最基本的要求：收音机应能有选择性地接收无线电磁波的能力。事实上，收音机首先靠其本身配置的天线将各种频率的无线电磁波接收进来，然后通过一个具有选择功能的电路来择取听众所需收听的电台频率，此时自然就要将其他频率的无线电磁波滤掉。这一选择过程就是我们常说的选台，学名应称之为调谐。

2. 在接收到我们所需收听的电台高频电磁波后，下一步就是把"搭载"在电磁波上的声音信息取下来，前面我们已说过，这个"搭载"过程叫调制，那么现在把声音信号取下来则称为解调。解调是通过特别设计的电子线路来完成的。调制的方式有调幅和调频两种，相对应的，解调的方式或采用的电子线路也是不相同的。需要说明的是，从天线上直接接收到的无线电信号是非常微弱的，在通过调谐电路后还需经过放大电路放大到一定幅度才能送往解调电路。

3. 从无线电磁波上解调出来的声音信息此时还是一种幅度很低的电信号，我们人耳是听不到的，还需用功率放大电路将其放大，再通过喇叭或耳机才能还原成我们真正能听到的声音。

世界第一个无线广播电台

美国的 KDKA 广播电台被公认为世界上第一个真正的无线广播电台。它于 92 年前在匹兹堡诞生，率先在预定的时间里每天定时进行广播。

KDKA 电台的第一次广播是在 1920 年 11 月 2 日，这是一次惊人的成功。它播出的沃伦·哈丁击败詹姆·考克斯当选为总统的消息。宾夕法尼亚州、俄亥俄州和西弗吉尼亚州的人们都收听到了这一广播。

当时这个电台的所有工作人员均是西屋公司职员，并且全部为志愿工作者（西屋公司从那时直到现在仍然拥有 KDKA 电台）。他们从第一次播出后，每晚约 8：00 开始广播。播出内容有当地新闻、邀请艺人现场表演、为临睡前的孩子们朗读故事等。

这家电台早期的工作条件也相当简陋。西屋公司退休人员查尔斯·鲁赫的岳母是 KDKA 电台早期广播中的小提琴手，经常乘小型公共汽车来上班。在第一次进行教堂实况广播时，电台的工程师们穿着唱诗班的长袍，自己拿着设备到当地教堂去。KDKA 电台的第一个播录室是在 8 层的西屋公司大厦楼顶上的一座小屋里。房顶上还搭了一个帐篷供音乐家们临时歇息，但却不能隔绝演员们练习时不时传出的声音。还有时一个飞蛾飞入演员口中，使他不得不停止演唱。但是这种小故障似乎并没有妨碍听众数量迅速增加。因为那时有许多收音机都是各家自己做的。人们以为那是他们的机器出了故障，需要等候片刻，直到音乐重又响起。

后来这家电台移到了室内，并雇用了一名专职播音员哈罗德·阿林。他的声音悦耳动听，吸引了很多女听众的来信。据波士顿学院传播学教授、芝加哥广播通信博物馆教育部主任迈克尔·基思说，在两年时间里，美国有了 500 家电台和约 150 万台收音机，美国每一个大都市都有了自己的电台。

电视机

电视是将分成无数因素的一系列静止图像，连续传送出。由于人类的视觉暂留功能，使连续出现的系列静止图像呈现景物移动的感觉。

电视摄影机，在外观上和电影摄影机一样，可是内部却大不相同。电视摄影机里不是用电影底片而是录像带记录影像的动作。它主要是利用一种特殊的真空管（摄像管），把被拍摄的像投影到管内的幕或像屏上。屏上覆有异常灵敏的感光层；它是由几十万个叫做"象素"的小点组成，就像眼睛中的视网膜是由无数个视神经细胞组成一样。为

早期彩色电视机

了把投影到感光屏上的影像变成电讯号并被传送出去，在摄像管内有一电子束从左到右、从上到下地扫过。这些象素，当电子束扫过某一点时，这点就能把它感受光的强弱，变成不同强弱的电讯号。

在我国的电视系统中，最普通的电视画面是由 600 多行，每行又有 800 多个小点组成的。在播送电视时，每秒钟要播出 25 幅画面。可见图像所产生的电讯号的变化是极为迅速的。电讯号的强弱又对传送讯号的无线电磁波进行调制。调制好的无线电载波，就从电视发射天线发射出去。当你打开电视机，选择这些调好的电磁波时，就是利用这些电磁波来控制显像管里的电子束。电子束在每秒钟内多次自上而下地扫过荧光屏的每一部分。由电磁波携带的电视图像讯号控制着扫描电子束的强弱。强弱变化着的电子束打到荧光屏上，产生亮暗不同的光点，从而扫出各种图像。所以屏面上的画景，就和摄像机所拍摄的画景完全一致。电视的发声和收音机的原理是相同的。

天线的尺寸在无线电磁波的接收中起到了重要的作用吗？

天线的长度决定了它接收的最佳频率。电视机天线的一般规则是天线的长度应该是它想要接收的波的波长的一半。这样就允许在接收天线中被感应到的电流以特定的频率产生共振。

不用遵守上述规则的是环形天线。有磁性的金属环形天线能在晶体管收音机中找到，它只接收调幅波段的低频无线电磁波。为了接收低频的调幅波段，半波

液晶电视机

长的直金属天线的无线电磁波必须非常长。晶体管收音机中的环形天线对无线电磁波的振动磁场起反应，反而能感应到一个巨大的电流。

家用电视机的天线通常有一个宽频带宽和一个小的倍率。宽频带宽允许天线去接收比窄频带宽的天线所能接收的更大的频率。然而，更宽的频带虽然取代了窄频波段宽，却影响了天线的倍率和灵敏度。

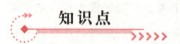
知识点

我国第一台电视机

1958年3月17日，是我国电视发展史上值得纪念的日子。这天晚上，我国电视广播中心在北京第一次试播电视节目，国营天津无线电厂（后改为天津通信广播公司）研制的中国第一台电视接收机实地接收试验成功。

这台被誉为"华夏第一屏"的北京牌820型35cm电子管黑白电视机，如今摆在天津通信广播公司的产品陈列室里。我国在1958年以前还没有电视广播，国内不能生产电视机。1957年4月，第二机械工业部第十局把研制电视接收机的任务交给国营天津无线电厂，厂领导立即组织试制小组，黄

仕机同志主持设计。当年，试制组多数成员只有 20 岁上下，通过对资料、国外样机、样件的研究，他们根据当时国内元器件生产能力和工艺加工水平，制定了"电视接收和调频接收两用、通道和扫描分开供电、采用国产电子管器件"的电视机设计方案。

我国第一台电视机的试制成功，填补了我国电视机生产的空白，是我国电视机生产史的起点，今天我国已成为世界电视机生产大国。

延伸阅读

传真的原理

传真就是利用电线或通过无线电发送不动图像（信件、图片、照片、报纸等）。

传真的原理与电视相似，不过因为不动图像的发送可以延续足够长的时间，所以图像的分解速度及信号的发送速度都不要求很快。这种对图像的复合与分解，都可以采用机械装置；对于发送，可以采用相当窄的频带，也就是可以利用普通的通信线路，例如利用电话线路就可以传真。

宇航中的拍摄照相，都是采用电视的传真照相，这些照片是利用电磁波传送回来的"传真照片"。传真的照片是把传送的照片改为电讯信号播放，由受信的接收站收取这些"电讯信号"，再改成照片，同时也可收取世界各地的传真广播，遇有重大新闻时，可以收取照片，再行转印成的新闻照片分发，这种照片的价值及其功用是很高的。发放照片传真的地方，是先把照片卷在一个圆形筒上，这个圆筒以一定的速度旋转，在旋转的画面上，依靠一个很细小的光点，以扫描的方式扫过整个画面。照片的影像可以看做是由无数个深浅不同的小点组成，所以当扫描的光点扫到照片上的某个小点时，小点较浅的地方反射强，而在较暗地方反射弱。其光线反射的亮度不同，便由光电管（把光线变成电信号的电子管）把反射光的强弱转变为电流的变化。于是，照片的图像被转变为电讯号。

电讯信号再通过发射机将电磁波传播到很远的地方。受信一方的设备，恰好和发信地相反，把电流的变化改做强弱的光线，就可以在感光胶片上得到画片的底片，所以，受信的一方也要有如发信地方的那样圆筒，用同样速度旋转；在圆筒上套上感光片，为防止其他光线的干扰，圆筒必须装在暗箱里。受信的接收机收到发来的电信时，把强弱不同的电信号变为扫描光点的强弱变化，光点扫到感光的不同部位，产生不同的曝光效果，从而得到从远方传送来的传真照片。

微波炉的使用

大清早，打开微波炉热两片面包或热碗豆浆，一两分钟就可完成。

微波炉的外部结构主要由腔体、门、控制面板组成。内部结构由电源部、磁控管部、炉腔部、炉门部 4 个部分组成。微波炉是利用全机之心脏——磁控管，所产生的 24.5 亿次/秒的超高频率微波快速震荡，使食物内的蛋白质、脂肪、糖类、水等分子，使分子之间相互碰撞、挤压、摩擦重新排列组合。

微波是一种高频率的电磁波，具有反射、穿透、吸收等 3 种特性。

微波炉

反射性：微波碰到金属会被反射回来，故采用经特殊处理的钢板制成内壁，根据微波炉内壁所引起的反射作用，使微波来回穿透食物，加强热效率。但炉内不得使用金属容器，否则会影响加热时间，甚至引起炉内放电打火。

穿透性：微波对一般的陶瓷器、玻璃、耐热塑胶、木器、竹器等具有穿透作用，故为微波烹调用的最佳器皿。

吸收性：各类食物可吸收微波，致使食物内的分子经过震荡、摩擦而产生热能。但其对各种食物的渗透程度视其质与量的大小、厚薄因素而有所不同。

微波炉通过释放微波产生的能量来加热食物，属于电磁辐射。据辐射测评报告，微波炉的电磁辐射是其他家电的几倍。虽然有一段时间，光波炉在市场上因为其技术的创新掀起一阵热潮，但是光波炉仍然存在电磁辐射现象。

据专家介绍，光波实质上就是微波炉的辅助功能，只对烧烤起作用。没有微波，光波炉只相当于普通烤箱。市场上的光波炉都是光波、微波组合炉。在使用中既可以微波操作，又可用光波单独操作，还可以光波微波组合操作。也就是说，光波炉兼容了微波炉的功能。而电磁辐射就是能量以电磁波的形

电烤箱

式通过空间传播的现象。无线电磁波和光波都是电磁波，因此，无论何种形式的微波炉，在使用时都要尽量小心。

人体与微波幅射源（如工作的微波炉）距离很近时，可以受到过量的辐射能量而产生头昏、睡眠障碍、记忆力减退、心动过缓、血压下降等。研究发现，当人眼靠近微波炉泄漏处约 30 厘米，微波漏能达 1 毫瓦/厘米^2 时，会突然感到眼花，眼底检查见视网膜黄斑部上方有点状出血。微波炉的加热腔体采用金属材料做成，微波不能穿透出来。微波炉的炉门玻璃是采用一种特殊的材料加工制成，一般设计有金属防护网、载氧体橡胶、炉门密封系统和门锁系统等安全防护措施，可以防止微波泄漏。人体最容易受到微波伤害的部位是眼睛的晶体。如果眼睛较长时间受到超过安全规定的微波辐射，视力会下降，甚至引起白内障。

应对微波炉电磁辐射的办法有，在开启微波炉后，人最好离开 1 米左右；微波炉工作结束后，等待一段时间再开启微波炉；最好使用微波炉防护罩，经常用微波炉烹煮食品可以穿着屏蔽围裙、屏蔽大褂；当微波炉使用一段时间后，应当经常检查炉门有无机械性损伤，若开启不正常应及时送到专业部门维修，防止微波泄漏。

专家总结出了一个行之有效的好方法来帮助你对微波炉进行安全性检查：打开微波炉，拿着收音机站在一旁，如果收音机受到干扰的话，那么就表明你的微波炉有可能会泄漏电磁波，需要修理或者调换。

电磁辐射的强度与距电器的距离的平方成反比。据测定，微波炉在工作

时，它产生的磁场强度为540毫高斯，若距离10厘米，磁场强度立即降为43毫高斯，若距离再远，则再行降低，降到1毫高斯以下时，对人体就无危害了。所以，为了您和家人尤其是下一代的健康，请您提高电磁辐射防护意识，购买带有电磁辐射的家电产品时，一定要慎重选择。

只要正确使用微波炉，就不会对人体产生危害。

家用微波炉微波的频率是2 450兆赫，这种微波不能透入人体伤害内部的器官和组织，只能使皮肤和体表组织发热而已，只要不是持续长时间地辐射，一般不会对健康构成危害。

科学家发现从微波炉中泄漏出来的微波在空间传播时，它的衰竭程度与离微波炉的距离平方大致成反比关系。这就是说，假如在微波炉炉门处每平方厘米的微波炉泄漏有10毫瓦的话，那么在1米以外的空间只有0.001毫瓦的强度了。何况微波炉炉门实际的泄漏量要远远低于这个数值，国际标准严格规定微波炉微波泄漏量不得大于5毫瓦/厘米^2，我国一些生产厂家的出厂技术要求都控制在国际标准的1/5即1毫瓦/厘米^{2}以内。每一台微波炉在制造的每一个过程中，都经过严格的检查，确保微波炉不外泄。

微波炉的门经过特别的设计，有多重安全保护装置，在使用过程中，门打开的瞬间，微波炉立即停止发射，以确保使用者的安全。以世界上微波炉普及率最高的美国来说，90%以上的家庭都在使用微波炉，全世界微波炉的年销售量已达近3 800万台，可是还没有一例因微波炉引起的对人体伤害的报道。

知识点

光波炉与微波炉的区别

光波炉又叫光波微波炉，它和普通微波炉的最大区别，就在于其加热方式。普通的微波炉，内部的烧烤管普遍使用铜管或者石英管。铜管在加热以后很难冷却，容易导致烫伤；而石英管的热效率不太高。

光波炉的烧烤管由石英管或者铜管换成了卤素管（即光波管），能够迅速产生高温高热，冷却速度也快，加热效率更高，而且不会烤焦，从而保证食物色泽。从成本上来讲，光波管成本只比铜管或者石英管增加几元钱，所以，现在光波管在微波炉技术上的使用非常普遍。

延伸阅读

电饭煲与电磁灶

电饭煲是十分普通的炊具。它有2层装置：①搪瓷做的外壳，②不锈钢或铝制的锅体。锅体内的电热盘是加热的装置。电饭煲还装有磁性开关和恒温装置。在饭做好后，磁性开关将电源切断。恒温装置是利用2个膨胀系数不同的金属片做成的。当温度升高时，金属片的伸长量不同，使触点分开断电；而当温度降低时，金属片恢复原状，使触点闭合通电加热。

电饭煲使用安全并且方便简单。如做饭时，只要淘好米、加好水、盖好盖，按下控制按钮，就能自动将饭做好，并能保持一定的温度。电饭煲常见的有3种类型：普通保温型、电子保温型和压力型。

电磁灶是一种利用电磁感应原理进行加热的炉灶。它的主要部件是金属导线缠绕的线圈。当交流电通过这个线圈时，会产生交变的电磁场。磁力线穿过锅体时，锅体的底部受到感应，会产生大量的强涡流。涡流受材料电阻的阻碍时，放出大量的热量，使饭菜煮熟。电磁灶的热量传递的损耗较低，没有明火，热利用效率可达80%，并且热量均匀，因此烹调速度快，节省能源。

20世纪80年代以后，电磁灶成为成熟的家电产品，功能不断增多。最新产品可以用电脑控制、自动报时显示、数字式温度显示等。

电子计算机

现代的先进技术，几乎没有一样不是和电子计算机联系在一起的。无线电报、电话和广播也不例外，它们和电子计算机的结合，使电信科学展现了崭新的风貌。

台式电脑

电子计算机是一种能够自动地快速进行运算的工具，它可以在 1 秒钟里，完成几千次、几万次、以至几千万次的计算，速度十分惊人。无线电报、电话和广播，不但能携带文字、语言和音乐的信息，而且 1 秒钟跑 30 万千米的路程，同样也快得出奇。所以，当用无线电来传输信息，用计算机来处理信息的时候，许多出乎意料的奇迹就出现了。

譬如，在 4 年前的一天，就有过这么一桩事情：在一间洁净明亮的实验室里，一位中年的科学工作者正在紧张地工作着。为了核对一个重要的数据，他急需从几千里外的图书馆中调阅一份珍贵的资料。怎么办呢？是派人坐上飞机去把这份资料借来呢，还是打个长途电话去询问一下呢？不！这两种办法都不行！因为它们不仅太慢了，而且电话里也说不清原文的意思。于是他起身走到一个小小的操作台旁。操作台上有几只为数不多的仪表，还有许多按钮组成的键盘。他在键盘上轻轻地按了几下，发出了说明自己要求的信号。几秒钟后，打字机沙沙作

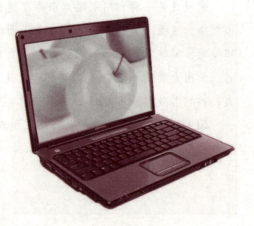

笔记本电脑

响，很快就印出了 5 行清晰的字迹。原来这就是几千米外图书馆中保存的 5 份有关资料的名称。于是，他再次按动键盘上的按钮，不一会儿，打字机上打出了一份好几百字的资料。这位科学工作者就这样方便地调来了他需用的文献。而全部所花的时间，不过才 3 分钟！

你看，这是一种多么巧妙的方法！可你知道它是怎么实现的吗？原来这里应用了一种叫做"数据传输"的新技术。很多时候，我们也把它叫做"数字通信"。

数字通信就是传输数字信号的通信。所谓数字信号，其实对你来说并不陌生。我们前面不是说过不均匀的莫尔斯电码吗？它是由"点"和宽度等于"点"的 3 倍的"划"组成的。"点"和"划"有就是有，无就是无，长短不同，区别明显，而且断断续续，并不连贯，我们说它在取值上和时间上都是"离散"的，不连续的。这就是数字信号的特点。

再譬如看看利用凿孔纸带所产生的电信号吧，有孔可以透过光，产生电；无孔透不过光，就不能产生电。所以，它的信号也或有或无，断断续续，是"离散"的，因而也是数字信号。

因为"有"孔和"无"孔，"有"电和"无"电，这里的"有"和"无"，是两种不同的状态，所以这是一种"二元制"的信号。

在数学上，跟二元制相对应的是二进制数。二进制数只有"0"和"1"两个数字符号，习惯上分别读作"零"和"幺"。

如果穿孔纸带上有一排孔是这样凿的：除了当中那个推动纸带前进的引导孔之外，从左向右数，在 5 单位的位置上，依次是有孔、无孔、无孔、有孔、有孔。如果用有孔产生的信号代表 1，无孔时便是 0，因此，这一组 5 单位信号，用二进制数来表示，

穿孔纸带

就是 10011。或者说，它代表着二进制数 10011。

在电子数字计算机里，数的计算、存贮都是用的二进制，这是因为电子计算机是用大量电子元件组成的，线路的通和断，晶体管的饱和与截止，电流在导线里沿这一方向或相反方向流过，磁性物体被顺时针方向或逆时针方向的磁

场所磁化，都是两种截然相反的状态，可以方便地用来代表1和0。既然无线电信号可以用来传递二进制数，那么，它跟电子计算机就有了共同的"语言"，可以通过一种叫做"接口"的设备，把它们互相连接起来。

按照这个道理，汉字也就可以把它变成电信号，通过无线电，送到遥远地方的电子计算机里。譬如"要大干"的"干"字，可以用四位阿拉伯数字1626来代表，而1、6、2、6这4个十进制数字，又可以转化作二进制数，就是0001、0110、0010、0110。

而用电信号来代表二进制数，是我们已经知道了的，所以当这组信号像电报一样，通过无线电发送出去以后，在接收的一端，只要收下这组信号，并把它送进计算机里，电子计算机就会运用它自己的功能，迅速进行处理，启动打字机，把"干"字打印在纸上，或者就像电视那样，把"干"字显示在荧光屏上。

数字通信是多么巧妙和有用啊！但是，你可曾想过，我们常用的汉字有8 000多个，谁能记得住这么多字的四位代码呀？要是你根本不知道"干"字应当用1626来代表，那岂不还要从电码本上去查找，这可是很费事的哩！

▶▶▶ 知识点 ▶▶▶▶▶

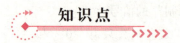
世界第一台电子计算机

阿塔纳索夫－贝瑞计算机（Atanasoff－Berry Computer，ABC）是法定的世界上第一台电子计算机，为艾奥瓦州立大学的约翰·文森特·阿塔纳索夫（John Vincent Atanasoff）和他的研究生克利福特·贝瑞（Clifford Berry）在1937年至1941年间开发的。

"ABC"有4个特点：

1. 采用电能与电子元件，在当时就是电子真空管；

2. 采用二进位制，而非通常的十进位制；

3. 采用电容器作为存储器，可再生而且避免错误；

4. 进行直接的逻辑运算，而非通常的数字运算。

量子计算机

量子计算机是一种使用量子逻辑实现通用计算的设备。不同于电子计算机，量子计算机用来存储数据的对象是量子比特，它使用量子算法来进行数据操作。一般认为量子计算机仍处于研究阶段。

"基于量子力学的计算设备"最早是随着计算机科学的发展在1969年由史蒂芬·威斯纳提出。而关于"基于量子力学的信息处理"的最早文章则是由亚历山大·豪勒夫（1973）、帕帕拉维斯基（1975）、罗马·印戈登（1976）和尤里·马尼（1980）发表。史蒂芬·威斯纳的文章发表于1983年。20世纪80年代一系列的研究使得量子计算机的理论变得丰富起来。

1982年，理查德·费曼在一次著名的演讲中提出利用量子体系实现通用计算的想法。紧接着1985年大卫·杜斯提出了量子图灵机模型。人们研究量子计算机最初很重要的一个出发点是探索通用计算机的计算极限。当使用计算机模拟量子现象时，因为庞大的希尔伯特空间而数据量也变得庞大。一个完好的模拟所需的运算时间则变得相当可观，甚至是不切实际的天文数字。理查德·费曼当时就想到如果用量子系统所构成的计算机来模拟量子现象则运算时间可大幅度减少，从而量子计算机的概念诞生。

量子计算机，在20世纪80年代多处于理论推导等等纸上谈兵状态。一直到1994年彼得·秀尔提出量子质因子分解算法后，因其对于现在通行于银行及网络等处的RSA加密算法可以破解而构成威胁之后，量子计算机变成了热门的话题，除了理论之外，也有不少学者着力于利用各种量子系统来实现量子计算机。

2011年5月11日，加拿大的D–Wave System Inc.发布了一款号称"全球第一款商用型量子计算机"的计算设备"D–Wave One"。该量子设备是否真的实现了量子计算目前还没有得到学术界广泛认同。

红外线眼镜

电视能在漆黑一团的夜晚帮助你看到那些肉眼看不到的一切，从这个意义上说，它已经远远超过了延伸视觉的要求，那么电视为什么能在伸手不见五指的环境里，摄下物体的图像呢？

我们先来读一读一个迷路者的"自述"，他将告诉你一种新鲜的知识。

"一个十月的夜晚，我由车站到附近的一个村子里去，当时我没有沿着公路走，而是笔直地穿过马铃薯田，想走个近道。当然，这样做是非常愚蠢的。当码头上的灯火被一个小山岗挡住的时候，我就陷入了黑暗之中，不久便迷了路。为了找小土埂，我甚至用手在地面上摸索，但是除了马铃薯腐烂的茎叶之外，什么也没有摸到。远处，透过稀疏的树枝，可以看到小镇上灯火明灭，我只好摸黑朝它走去。刚一迈步，我的双脚就滑进了泥沟，陷在松软的稀泥里。脚也扭了，身体绊倒在田垄上。"

"突然，从旁边某个地方传来了一个男人的声音说干吗在这儿受罪，旁边不就是小道？我说，当然，我也不是为了寻开心，您这样问倒不如干脆指点我怎么走好些。我向左走了一步，双脚又踩进了一个泥坑，坑里还有水……那人看不过眼了，说让我跟着他来引导我。"

"过了几分钟，一个又高又大的、模模糊糊的人影出现在我身边，那人小心地拉着我的手，我们一块走着。但是，只走了几步，我又滑倒了。这一回几乎把那位领路的人也撞倒了。"

"那人犹豫地说把眼镜给我更好些，只不过……眼镜在这里有什么用？我觉得很奇怪。这不是普通的眼镜，戴上它可以在晚上看见东西。然后他便给我戴上。"

"一个柔软的、沉甸甸的金属箍套住了我的头。接着，陌生人在我太阳穴旁用手指一按，喀嚓一声，一根像是小杆样的东西从我耳边伸了出去。这时候，他告诉我说可以看了。"

"我的天啊！我来到哪儿了？我已经被带到一个幻想般的壮丽的世界里，黑暗消失了，周围的一切似乎都在发着红色的光辉。从身旁一直到地平线都像火在燃烧。地上像栽着一根根大蜡烛，烛芯升起了黄色的一动不动的火舌。"

"我定了定神，我已经看清楚了周围的一切。于是，我迈开大步，向前走去……"

这是副什么样的"眼镜"呀？你或许很想知道它吧。应当说，像这样轻巧方便的"夜视装置"暂时还处在实验的阶段。但是，利用电视可以看清楚黑夜里的一切，则已经成为事实。

那是装在直升飞机上的叫做"前方监视器"的一种东西，它实际上是利用红外线来摄取影像的电视。红外线是一种波长比一般的无线电磁波要短的电磁波，在自然界里，除了看得见的光线之外，还有看不见的红外线和紫外线，它们都是电磁波。

红外线也可以叫做"热线"，当你走近熊熊烈火的时候，会感到灼热难当，这就是因为有大量红外线辐射出来的缘故。如果你用手摸一摸点亮着的白炽灯泡，也会感到暖烘烘的，它就是玻璃外壳吸收了从灯丝上辐射出来的红外线的缘故。

红外线眼镜

红外线的波长比红光的波长要长一点，在自然界里，任何一个物体，不管它有生命还是没有生命，全都是红外线的光源。你也许会问：难道房屋、车辆、树木之类的东西也都是"热"的吗？正是这样。即或是冰，我们也不能说它是绝对冷的。因为"冷"和"热"这本来是相对来说的，只要物体的温度没有低到 –273℃，也就是没有低到绝对零度，我们仍然说它是热的。

在地球上，现在还没有办法使物体冷到绝对零度，所以我们说，它们都是红外线的光源。只是温度较高的物体，红外辐射比较强，温度比较低的物体，红外辐射比较弱。这样看来，即或在夜色苍茫中，你的身体和周围的一切，仍然在不断散发着看不见的光线——红外线。

知识点

绝对零度

　　绝对零度是热力学的最低温度，但此为仅存于理论的下限值。其热力学温标写成0K，等于摄氏温标零下273.15℃（-273.15℃）。

　　物质的温度取决于其内原子、分子等粒子的动能。根据麦克斯韦-玻尔兹曼分布，粒子动能越高，物质温度就越高。理论上，若粒子动能低到量子力学的最低点时，物质即达到绝对零度，不能再低。然而，绝对零度永远无法达到，只可无限逼近。因为任何空间必然存有能量和热量，也不断进行相互转换而不消失。所以绝对零度是不存在的，除非该空间自始即无任何能量热量。在此空间，所有物质完全没有粒子振动，并且其总体积为零。

哈勃空间望远镜

　　哈勃空间望远镜（Hubble Space Telescope，HST），是以天文学家爱德温·哈勃的名字命名，在地球轨道的望远镜。哈勃望远镜接收地面控制中心（美国马里兰州的霍普金斯大学内）的指令并将各种观测数据通过无线电传输回地球。由于它位于地球大气层之上，因此获得了地基望远镜所没有的好处：影像不受大气湍流的扰动，视相度绝佳，且无大气散射造成的背景光，还能观测会被臭氧层吸收的紫外线。

　　1990年4月25日，由美国航天飞机送上太空轨道的"哈勃"望远镜长13.3米，直径4.3米，重11.6吨，造价近30亿美元。它以2.8万千米的时速沿太空轨道运行，清晰度是地面天文望远镜的10倍以上。它成功地弥补了地面观测的不足，帮助天文学家解决了许多天文学上的基本问题，使得人类对天文物理有更多的认识。此外，哈勃的超深空视场则是天文学家目前能获得的最深入也是最敏锐的太空光学影像。

美国航空航天局将哈勃 SM4 确定为最后一次维修任务，因此，哈勃的退役在即。预计在 2014 年开始，詹姆斯·韦伯太空望远镜（JWST）将发射升空，并逐步接替哈勃的工作。但是，哈勃在可见光通道尤其是紫外光通道的观测能力，是无可替代的。

人造通信卫星

专门用作中继通信的人造地球卫星叫做通信卫星，卫星上的设备主要有接收从地面上发来的电磁波和改换另一频率后再发回地面的装置，这个装置叫做"转发器"。转发器越多，通信的容量（容纳的路数）就越大。

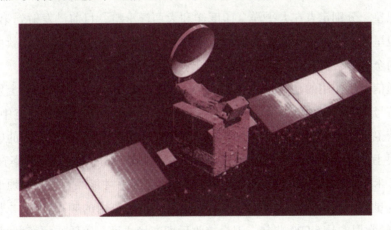

人造通信卫星

由于地球的赤道平面通过地心，并和地球的自转轴垂直，所以在赤道上空轨道上的卫星相当于绕着地球自转轴运行。如果卫星发射到赤道上空离地 35 860 千米的轨道上，和地球自转方向一样运行时，就具有和地球自转周期相同的周期，在地面上看来这颗卫星就像静止地挂在赤道上空似的，所以叫做"对地静止卫星"或"同步卫星"，这种轨道称作"地球静止轨道"。

同步卫星工作示意图

虽然通信卫星在 3 万多千米的高空，但发出的电磁波也只能覆盖地球表面约 1/3，因此，如果在静止轨道上各相距 120 度，放置 3 颗通信卫星就可以相互中继组成全球通信网了。通信卫星是利用太阳能提供能源的，都装有太阳能电池板。目前各国发射的通信卫星有几百颗之多。我们国家也发射有通信卫星，如"东方红 2 号"卫星就定点在赤道上空东经 87.5°（印度洋上空）的对地静止轨道上，能覆盖我国全部面积，转播中央电视台节目时，全国各地都能收看到。国外有一个国际通信卫星组织，发射了许多通信卫星，分别定点在太平洋、印度洋和大西洋上空，目前已发射到第六批，这些卫星是供各国租用的，我国承办的第十一届亚运会的电视广播，就由这些卫星向全世界转发。

通信卫星使用的是微波，可以穿过电离层直上直下，接收从地面上发来的微波信号，变换成稍低的微波频率再发回地面，成为两处地面的高空中继站，与通信卫星联系的地面通信设施叫做"卫星地面站"。通信卫星发射的电磁波功率很小，信号微弱，地面站一般都有一座相当庞大的天线，用这座直径 12 米或 7 米的大型抛物面定向天线对准要接收的卫星，才能顺利接收。地面站和通信卫星之间使用厘米波联系，由地面发往卫星使用的频率叫做"上行频率"，较常用的是 6 000 兆赫，卫星接收后即变换成另一较低的频率发回地面，所用的频率叫做"下行频率"，较常用的是 4 000 兆赫。这个通信频率组合叫做 6/4 千兆赫频段。频段越高，通信的容量越大，这是为什么呢？通常我们一个人说话，声带的振动大约从每秒 300 次到 3 400 次，所以语音电信号的频率，大体在 300～3 400 赫之间。两端各留一点余量，可以认为，传送一路电话，需要占用 4 000 赫那么宽阔的一个频率范围。

对于由图像转换而来的电信号，那些大面积、一抹色的画面，信号的频率很低。诸如眉毛、胡子之类纤细入微的部分，则信号的频率很高，所以传送一路电视，大约需要占用 8 兆赫的频率范围。

遥感卫星地面站

这样看来，只有作为"运载工具"的载波频率本身很高，才有可能提供一个比较宽阔的无线电信道，容纳得下较多的电话或者电视去传递各式各样的消息。否则，如果载波本身只有几百千赫，不但传播不成几兆赫的电视信号，就是 4 000 赫的电话，也通不了几路。

现在实际使用的通信卫星，因为它们的载波频率是 4 000 兆赫和 6 000 兆赫，所以能提供一个宽度有 500 兆赫左右的通道。在这样宽畅的频率范围里，人们成功地实现了 5 000 路电话的双向通信，也可以用来传送 12 路彩色电视。

像这种在一个无线电信道上，能够同时传递许多路信号的办法，叫做"多路通信"。一般来说，频率越高，载波的通道越宽。目前已使用更时尚的 14/11 千兆赫和 14/12 千兆赫频段，通信容量能增加到 1 万多路电话，今后还要发展 30/20 千兆赫频段，并且开发毫米波段（30～300T），微波通信的领域就更加广阔。

微波传播会遇到什么麻烦？无线电磁波是在空间传播的，但空间并不是真空而是有很厚的大气层，大气里有水蒸汽、雾、雨和雪等，大气层的上部还有被太阳光线电离的电离层等，实际上无线电磁波是在这许多物质中传播的，这些物质对无线电磁波都有不同的影响。对微波来说，虽然能直来直去地穿过电离层，但并不就那么大摇大摆地过去，也得要留下少许"买路钱"，被电离层吸收一小部分，致使微波受到衰减。微波前进的途中遇到雾、雨、雪，会被吸收一部分并产生噪声干扰，如果是大雪、大雨，甚至使通信困难。在通信卫星与地面站之间的直接路线上如正巧有飞机经过，会被阻挡而瞬时中断。地球表面（包括建筑物）对微波有反射、绕射和散射作用。微波沿地面传播的路途上，遇到地面障碍物时，一部分被反射到另一地点去，一部分绕射过去，另一

部分则被散射到各处，都使微波通信受到衰减和干扰。这许多情况都是微波传播过程中常遇到的麻烦，科学家们都在想各种办法来改进，最常见的是提高发射的功率和采用数字微波通信等。

无线电电子学和天文学的结合，创造了神话般的奇迹，让无线电跟天文学携起手来，它将使我们加快认识浩瀚的宇宙。

许多年来，在人们面前，始终摆着一个谜一般的问题：在别的星球上有生命吗？他们有没有高度文明的社会？

要回答这个问题是不容易的，但是科学家们从大量的观察中断定，在我们太阳系里的别的行星中，大概是不会有高级动物存在的。但是太阳系只不过是宇宙沧海之一粟，单单银河系就有 1 000 亿个太阳那样的星球，何况银河系也不过是宇宙的一个角落；在亿万颗恒星和它的行星中，谁能断定就没有其他高度发展的生物呢？虽然这样，但是迄今为止，谁也无法证实这一点。尽管从伽利略发明望远镜到现在已经好几百年了，射电望远镜也早已问世，但是遗憾得很，望远镜在这个问题上还不能给我们多大的帮助，因而有许多遥远的星星，人们还不曾相识。

看来只有更进一步发展的无线电技术，才能揭开太空中长期保守的秘密。因为在指派宇航员飞出太阳系之前，像探索火星和金星那样先让仪器着陆的试验是绝对必要的，有了高度先进的无线电设备，我们就可以随时通过电磁波，先向这些宇宙深处的"居民"挂个"电话"，了解一下那里的情况。

如果我们能给遥远的星星挂"电话"，或者用没有噪声的仪器搜索来自太空深处的电磁波，那么，最后断定别的星球上有没有人和生物，应当是可能的。不过由于我们人类居住的地球，覆盖着大气的"海洋"，无线电磁波不是被大气所吸收，就是被电离层所反射，怎样找到便于无线电进进出出的"窗口"，是一个十分重要的问题。

在探索"透明"的无线电磁波之"窗"的过程中，经过长期的研究，人们认为，用波长等于 3 ~ 30 厘米的无线电信号去进行宇宙联系是十分有利的。甚至有人还作过这样的猜测，假定别的星球上也存在着人类，他们应当也正在用这个波长探求着和外界的联系。

真是巧得很，在这个波长范围内，我们恰恰发现了一个来自宇宙空间的电磁波，它的波长是 21 厘米。这个电磁波是从恒星之间的氢原子里"广播"出来的。为什么微小的原子有时候会像无线电台一样地进行广播呢？难道说在它里面还能装得下振荡电路吗？当然决不会是那样！原子辐射电磁波的原理和普通发射机的工作有显著的不同，它不需要用线圈和电容，而是在原子内部的电子所处的状态发生改变时辐射出来的。

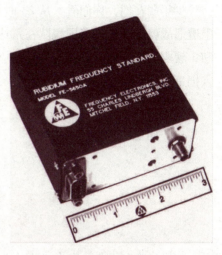

在地球上，发现和研究由原子辐射出来的电磁波已经有一段时间了，现在人们已经成功地制出了能够不间断地工作，并发出足够大的功率的"原子振荡器"。这种振荡器的发明，在人类的生活中是一件重大的事情。因为从现在的实际情况看来，星际空间中氢原子的自然辐射是很弱的，有了功率足够大的信号，那就完全有可能压过了它，一直传到"天边"的星球上。

铷原子振荡器

微波是怎样用于侦察活动的呢？

专家们认为，用大功率的微波从建筑物的一侧辐射进去，而在另一侧加以接收的话，就可以显示出屋子里人物的动静。甚至于人手里拿的什么，嘴里吃的什么，也都能显示出来。微波辐射还能探测出窗户和空气调节管道因为说话而引起的微小振动，并且可以让这种振动对微波信号进行调制，然后再从回波中检出这个信号来，恢复出原来的声音，或者用微波监视着人的嘴唇的活动，把他的讲话推测出来。

所有这些，当然还仅仅只是萌芽的研究。微波在军事上有很大作用，请看下面这个故事。

从其他观察站报告中得知，它是一艘驱逐舰，已被打成两截，沉下去了。

"23：51，用两炮射击上述高炮目标附近的另一目标，大概也是一艘驱逐舰。发现它爆炸后，下令'停止射击'，该目标在雷达屏幕上消失。此时，在目标区域看见至少有三艘敌舰命中起火。"

"23：53，对准前述目标左面的军舰开始射击，炮火全由雷达控制，黑夜没有照明。这艘军舰的腰部发生爆炸，照亮了该舰中部。我们看到这是一艘两个烟囱的巡洋舰，它正对我们开火，给我们带来了一些损失，但是雷达仍然无恙。"

"23：59，看到一艘敌驱逐舰起火。我们用雷达控制对它开炮轰击了两分钟。"

"00：01，雷达荧光屏上目标消失。命令'停火'。"

少年朋友们，你们看，从23时46分到0时1分，短短15分钟，一场海上遭遇战就结束了。美国舰队在雷达的帮助下，打沉了日本舰队的2艘巡洋舰和3艘驱逐舰。那时候雷达才开始应用，已经显示了它的巨大威力。难怪许多人把雷达称作"大炮的眼睛"。

 ## 知识点

地球静止轨道

地球静止轨道，或作"地球静止同步轨道"、"地球静止卫星轨道"、"地球同步转移轨道"（Geostationary Orbit，GEO）特别指卫星或人造卫星垂直于地球赤道上方的正圆形地球同步轨道。地球静止轨道属于地球同步轨道的一种。在这轨道上进行地球环绕运动的卫星或人造卫星始终位于地球表面上方的同一位置。它的轨道离心率和轨道倾角均为零。运动周期为23小时56分04秒，与地球自转周期吻合。由于在静止轨道运动的卫星的星下点轨迹是一个点，所以地表上的观察者在任意时辰始终可以在天空的同一个位置观察到卫星，会发现卫星在天空中静止不动，因此许多人造卫星，尤其是通讯卫星，多采用地球静止轨道。

地球静止轨道的理论由赫尔曼·波托西尼克在1928年首次提出，而后亚瑟·查理斯·克拉克在他的小说《无线世界》中，提议将通讯卫星放置在地球静止轨道。因此有时静止轨道也被称为克拉克轨道。

延伸阅读

"嫦娥奔月"与电磁波技术

2007 年 10 月 24 日，中国第一颗探月卫星——"嫦娥一号"在中国西昌卫星发射中心成功发射，飞向太阳系家族中离地球最近、最亮的星球——月球。人类至今已先后将各种卫星、飞船、航天飞机和空间站等 5 000 多个航天器送入太空。然而，太空并未因此变得杂乱无序，每一个航天器始终按照自己的轨道飞行，偶尔偏离轨道，也能很快"迷途知返"，这主要依靠地球上庞大的航天测控网。

我国月球探测一期工程的测控通信系统使用"统一 S 波段（USB）"航天测控网，满足"嫦娥一号"月球探测器各飞行阶段的遥测、遥控、轨道测量和导航任务。统一 S 波段（USB）航天测控网是指使用 S 波段的微波统一测控系统。这里的微波统一测控系统是指利用公共射频信道，将航天器的跟踪测轨、遥测、遥控和天地通信等功能合成一体的无线电测控系统。

"嫦娥一号"在中国西昌卫星发射中心成功升空，为满足月球探测任务的需要，嫦娥一号卫星携带了 8 种仪器：CCD 相机和激光高度计共同承担月球表面三维影像探测任务；干涉成像光谱仪、γ 射线谱仪、X 射线谱仪共同承担月表化学元素与物质成分及丰度探测任务；微波探测仪承担月壤厚度探测任务；太阳高能粒子探测器和两台低能离子探测器共同进行地月空间环境探测。

雷 达

雷达是利用微波的无线电设备。要想了解雷达为什么那样厉害，它究竟怎样起作用，这就需要谈谈微波的特点。

微波的一个重要特点，就是波长比较短，一般在 0.1 毫米至 10 米之间。微波在前进的路上，遇到比自己的波长大的物体，就会被反射，就像镜子反射

雷达天线

光波一样。飞机、舰艇等都比微波的波长大，微波遇到它们就会被反射。雷达就是利用微波的特点来工作的。它在搜索目标的时候，一面发射微波，一面连续改变方向。如果在某一个方向上收到了反射波，这个方向也就是目标的方位；确定了方位，同时又计算了微波来回的时间，便可以判定目标和雷达之间的距离（这个计算并不难，因为电磁波的速度是已知的：30万千米/秒）。

雷达发射的微波，虽然和广播电台发射的中波、短波一样，都是电磁波，但是它的波形和后两者都不一样。雷达不是那种连续不断的调幅波或调频波，而是一种有间断的波，简称"脉冲波"。雷达为什么要发射这种脉冲波呢？因为只有这种波对反射回来的波没有妨碍。打个比方来说：你同另一个人对话，如果你一直不停地大声说话，那你就不可能听清对方的答话。对方只能在你闭嘴的时候，才能插话。所以，你如果要和别人交谈，那就必需说说停停。雷达也是这样，它发射很强的电磁波，然后又需要接收由目标反射回来的一部分很弱的回波。如果它连续不断地发射电磁波，就会使回波淹没在它自己的"喊声"中。因此，雷达在发射电磁波的过程中必须有间隔地留出间隙来接收回波。

雷达的发射时间和间隙时间是不相等的。前者越短越好；后者越长越好。雷达脉冲持续的时间一般是多少分之一微秒，而间隙时间却比发射时间长几百倍甚至几千倍。照这样的安排，雷达每秒钟仍能发几百个或几千个脉冲。

微秒是百万分之一秒，它是很短很短的了。必须短到这个地步，雷达才能顺利地完成任务。举例来说，如果雷达发射脉冲的持续时间是1微秒，在这段时间内，电磁波可以走300米路程（也就是150米距离的来回路程）；如果雷达的测量目标在150米之内，那么回波就会和雷达发出去的波重叠在一起，雷达就无法测量出目标的准确距离了。如果持续时间是 2 微秒，那么 300 米之内的目标也测不准了。这样的雷达就好像是个"远视眼"，看不清近处的东西。

因此，我们可以知道，雷达发射的时间越短，间隙的时间越长，它所能测的目标距离幅度就越大。另外，由于雷达的任务是探测目标，它不需要像广播电台那样，向四面八方辐射电磁波，而只需要朝着特定的方向。这一点和手电筒很相像。所以雷达天线也有一个反射器，目的就是定向发射雷达的电磁波。

雷达站

知识点

脉冲信号

脉冲，从字面意思来说，指脉搏的跳动所产生的冲击波。学术上把脉冲定义为：在短时间内突变，随后又迅速返回其初始值的物理量称之为脉冲。

从脉冲的定义我们不难看出，脉冲有间隔性的特征，因此我们可以把脉冲作为一种信号。脉冲信号的定义由此产生：相对于连续信号在整个信号周期内短时间中都有的信号，大部分脉冲信号周期内是没有信号的。就像人的脉搏一样。

脉冲信号现在一般指数字信号，它已经是一个周期内有一半时间（甚至更长时间）有信号。计算机内的信号就是脉冲信号，又叫数字信号。

延伸阅读

空中预警机

空中预警机（Air Early Warning，AEW），是为了克服雷达受到地球曲度限制的低高度目标搜索距离，同时减轻地形的干扰，将整套雷达系统放置在飞机上，自空中搜索各类空中、海上或者陆上目标。借由飞行高度，提供较佳的预警与搜索效果，延长容许反应的时间与弹性。空中预警管制机除提供早期预警的功能之外，还提供频繁 C2BM（指挥和控制，作战管理）功能，类似机场交通管制和其他部队的军事指挥。

空中预警机比较常见的是以客机或者是运输机改装而来，因为这类飞机的内部可使用空间大，能够安装大量电子与维持运作的电力与冷却设备，同时也有空间容纳数位雷达操作人员。也有国家以直升机作为载具，不过这一类的小型空中预警机由于受到载机性能的影响，效果不如以中大型飞机机体改装而来的机种。由于受到军舰空间的限制，除美国 E-2 空中预警机外，预警直升机多用于海军舰队的早期预警，是目前大多数装备航母国家的重要早期预警手段。

天文观测的运用

射电天文学

小时候，常以为天上的星星只有晚上才会出来，到了白天就一颗一颗地躲回去睡觉了。而古人在观察星星时，也都是以看得见的星空为目标。人类眼睛看到的光属于电磁波的一部分，电磁波的波长范围很大，从短至 10^{-10} 米到长至 100 米以上，而可见光在电磁波中涵盖的范围只有从 4×10^{-7} 米到 7.5×10^{-7} 米。不过从远古到 20 世纪初，人们的天文知识都来自于天体发出的可见光。但我们不能只是"眼见为凭"哦！如果一意依循这个想法的话，那可会错失很多有趣的事物！尤其在天文研究的领域里，有另一个无法用肉眼看见的世界。正因为它无法用肉眼看见，所以研究的起步很晚，一直到20世纪初，人类才开始揭开这一未知领域的神秘面纱，因此仍有许多惊奇等待我们去发掘。

天体除了放出我们可以肉眼观察到的可见光外，也同时会放出其他波段的辐射，但因为地球大气的作用，这些电磁波大部分都无法通过大气层，想要观测这些电磁波，就必需到太空去了。只有可见光及无线电磁波比较不受大气的影响，可以抵达地表，在地面进行观测。从20世纪30年代起，对无线电磁波的研究形成天文学中的射电天文学，它的诞生和发展大大扩充了人们对天体和宇宙的认识，对天文学的进展有十分重要的贡献。

研究天体发出的无线电磁波对天文学有什么重要的贡献呢？因为无线电磁波可以穿透弥漫着尘埃和气体的星际空间，看到距离较远的地方，进而探测遥远的深空，使我们可以看到很多用可见光看不到的现象。此外，温度较低的波源放出的电磁波以电磁波为主，所以可以借此探测到温度较低的天体。加上天体释放的能量很容易产生大量低能光子，发射出无线电磁波，因此即使在很冷的星际空间里，射电天文学仍可以确定宇宙的基本构造单元——氢原子的位置，使我们对宇宙有了可见光以外的新认识。

既然无线电磁波眼睛看不见，也无法以耳朵听到，皮肤感觉到，甚至无法以底片感光，那它是如何被发现，又如何被应用到天文观测的呢？无线电磁波最早是在1888年由德国物理学家赫兹在实验室从电子火花的振荡中测得的，因为无线电磁波可以传送很远的距离，到了1906年已经被应用来传送电报。1930年，任职于贝尔实验室的美国工程师詹斯基为了找出无线电通讯的干扰因素，建立了一座天线，这座长30.5米，高3.66米的天线基座上装有轮子，每20分钟可以绕其中心旋转一周，就好像旋转木马一样，可以接收来自各方向的无线电磁波。詹斯基使用14.6米的波长进行检测，到1931年发现天线噪声来源包括附近的雷雨及远方的闪电和雷雨，另外有一种微弱但稳定的噪声，其最大方向似乎在太阳附近。但在进一步研究后，于1935年发表确认了地球外最大的电磁波源是来自银河系的中心，这一重要的发现，揭开了射电天文学的序幕。

天文台电磁波望远镜

美国的电机工程师及业余天文学家雷伯1937年在自家宅院制造了一个直径9.5米的可旋转抛物面反射天线，这是第一台为天文研究而建造的射电望远镜。它的天线为抛物面，可以将来自天体的无线电磁波反射聚焦在焦点上，再由焦点上的感应器收集无线电磁波，将讯号传到接收器记录下来，这台望远镜至今仍在使用中。雷伯在1940年用1.87米波长为基准发表了第一幅银河系中心电磁波源的等强度线图，这张图显示出银河系电磁波扰动的中心在人马座。而后又在1944年绘制出银河系的电磁波天体图及提出太阳电磁波的发现。

雷伯虽然是第一位正式发表太阳电磁波的人，但第一位发现太阳有无线电磁波的应该是英国的物理学家海伊。他在第二次世界大战期间，被英国陆军征召进行雷达干扰及反干扰技术的研究，雷达所用的电磁波波段为无线电磁波。1942年2月底时，英国防空部于白天接到敌军密集干扰的报告，因为介于4~8米的防空雷达波长讯号完全被盖掉，造成英国军方一阵恐慌，结果后来却没有出现任何空袭行动，令人十分困扰。海伊研究这次的干扰形式，发现最密集的干扰波来源似乎来自于天空，而且跟随太阳的方向，他打了一通电话到格林尼治天文台，得知近日太阳中央有一大群太阳黑子，于是估计可能是太阳黑子造成电磁波干扰的发生，不过因为此事被视为军事机密，并没有即时发表，而使雷伯在太阳电磁波的发现上抢了第一。在第二次世界大战中，为了防空需要，科学家及军方投入大量人力及物力进行雷达的发展，促成了无线电磁波定位准确度和接收灵敏度的进步，培养了很多无线电和工程专业人才，因而间接引发了战后一场以电磁波技术调查天空的竞赛。

英国剑桥大学的赖尔为了调查太阳的电磁波杂讯与黑子的活动是否有关，同时想确定如果没有黑子活动的话，太阳是否会发射米波段内的电磁波杂讯。他利用战时用剩的无线电及雷达仪器来进行研究，为了胜过海伊研究结果的解析度，本来想建造一个直径 152.4 米的大天线系统，但因预算很紧，赖尔只好把两具小天线接在同一个接收机上，两具天线之间的距离就是所谓的基线，这种望远镜装置的解析度竟和与其基线相同直径的大型天线一样，这就是电磁波干涉仪发展的开始。有了这个电磁波干涉仪，赖尔就可以把发射太阳电磁波的区域定位得更精确，以确定它跟太阳黑子活动的范围区十分接近。

澳洲电磁波物理实验室的波西也粗略地证实了海伊在大战期间的研究成果，并作出太阳电磁波发射强度似乎与黑子活动密切相关的结论。1946 年 2 月，正值黑子最剧烈的爆发活动期，波西打算更精确地探测那密集的太阳电磁波爆发的来源。他和赖尔一样，看出精确描绘出电磁波发射源的关键，是在取得比单一天线所能获得的更大的解析度。他的解决方法是利用高踞崖顶，俯瞰太平洋的军事雷达天线及海平面。在风平浪静的日子里，海面的作用等于另一座天线，可以把太阳射线朝崖上的岗哨站反射回来。反射线与直射线互相干扰的结果使讯号显示出条纹图案，使波西能正确地测知发射点的位置，理论上它的解析度可以到 10 角分，也就是肉眼可见太阳大小的 1/3。他由此断言，密集的太阳电磁波发射会随太阳黑子的活动而增强。

海伊在绘制米波长电磁波天体图时，意外发现天鹅座的方向有讯号强度迅速起伏的奇怪现象，他认为这应该是来自像星球的个别电磁波源，波西的同事波顿及史丹利对这个现象，有特别浓厚的兴趣，他俩着手以 1 亿赫及 2 亿赫的频率进行测量，结果发现，不管造成讯号的是什么，范围都小于 8 角分，且强度和太阳相当，所以不会是星系。但当他们查星图时，却发现那个区域竟然空空如也，没有灿烂的明星，也没星云，只是银河系中一片平淡无奇的区域。由此可知，这个天体的能量都集中在无线电磁波谱内，位置可能在 3 000 光年外。但这是什么样的天体呢？另外是否还有这样的电磁波源存在？如果有，又有多少？宇宙天体的电磁波会不会就是这些未知物产生的？

他们继续探测整个星空，在金牛座捕捉到了第二个强烈电磁波源，他们前后找到了 4 个这类天体存在的证据，除了天鹅座 A 的电磁波源外，其他金牛座 A、巨蟹座 A 及室女座 A 都找出可能和光学天体有关，这是第一次电磁波源和光学天体的联结。其中巨蟹座 A 是由蟹状星云发射出来的，这是 1054 年超新星爆炸遗留下来的。而金牛座 A 及室女座 A 则可能和星系 M87 及 NGC5128 有关，这表示我们可以在地表上接收到来自银河系外天体的电磁波。在发现可以

在地表收到来自银河系外的电磁波后，射电天文学家们便将目光的焦点从最初的太阳，转移到银河系外的天体了。

以往使用可见光探索星际空间时，从光吸收的结果显示，星际空间由黑暗、冰冷的真空构成，其间只少少地点缀了寥寥可数的气体分子和尘埃。这些气体是因为附近恒星发出的强光使气体游离，使电子进行能阶跃迁放出可见光才被发现的。从光谱分析显示，这些气体分子主要为氢分子，但即使连最优良的光学望远镜都无法指出星际间物质的多寡与范围，使天文学陷入难境。不过，科学家发现氢的电子在改变自旋方向时，会发出一个很小的电磁波讯号，这个讯号的波长应该是21.2厘米，但因能量非常非常小，所以侦测到谱线的机会很渺茫。在美国哈佛就读博士的尤恩，经过一年多的努力后，终于在1951年发现了氢的21厘米的谱线，这使得观测人员可以借21厘米谱线的强度变化，计算出中性氢的质量。此外，从谱线上的多普勒效应，更可以让天文学家仔细地观测气体在太空中漫游的情形。原来被盘面尘云遮蔽的银河系螺旋状构造终于借由无线电磁波的研究，第一次展现在世人眼前。

电磁波探测曾经有两方面比不过光学观测，一是解析度比光学望远镜低好几个数量级，二是无法成像，无法以视觉进行观察比较。前者是因电磁波波长比光波要长很多（数千倍到百万倍），而观测的波长愈长，得到的解析度就愈差。为了得到相当的解析度，射电望远镜需要较大的直径，如直径100米大的射电望远镜得到的解析度和10厘米口径的光学望远镜差不多。现在口径最大的电磁波望远镜建在加勒比海地区波多黎各的一处天然凹谷里，直径有305米，用3个建在山上的高塔支撑悬吊，无法操纵移动，但因为它相当巨大，还是可以侦测出比其他单一碟型天线更多的辐射线。但这样的解析度仍然不够，要设立更大的望远镜有很多技术上的挑战，所以发展出结合数个小的望远镜排成阵列，经电脑整合讯号处理后，解析度可以和一台口径相当这些碟型天线占据区域一样大的大型望远镜相当。且经由电脑处理后，可以将资料转化成影像。这不但可以修正被大气模糊的影像，还可以更清楚地解析遥远的天体。因甚长基线干涉仪和综合口径射电望远镜的问世，射电望远镜解析度已经可以达到0.001角秒，甚至远远超过了光学望远镜的解析度，电磁波望远镜的两个问题已获得了完满的解决。

20世纪70年代以后，因为解决了解析度及合成影像两个问题，电磁波天文学又获得许多重要成果，其中最重要的便是银河系外双电磁波源及多种电磁波源的发现。

20世纪80年代后，射电天文学家们对毫米波段的研究有更进一步的发展，毫米波为无线电磁波波段中较短的波段，主要用来观测各种星际分子及研究恒星的演化过程。

另外，在搜寻外星生命方面，毫米波望远镜是主要的工具，因宇宙间氢的含量最丰富，而氢原子可以发出21厘米波长之微波（即毫米波），氢氧根（OH）可发出18厘米长之微波，H和OH可形成水，因此波长介于18厘米与21厘米的微波，称为"水洞"。因为水是生命所必需，科学家认为这是一个最有可能与外星文明发生共鸣的波段，因此这一波段常被用来进行电磁波监听计划。天文学家于1960年使用美国国家射电天文台"监听"两颗太阳型恒星：鲸鱼座星及波江座 ε 星，但都没有结果。美国航空太空总署资助外星文明搜寻计划，在1992年10月展开微波观测，监听80光年内约800颗太阳型恒星。迄今约进行了40件监听计划，但都没有结果。

我国从1995年起开始筹划一个发展次毫米波阵列的计划，这个计划包括建造两座直径6米的次毫米波望远镜，这两台望远镜将与放置在夏威夷毛纳基峰与哈佛—史密松天文台的6座同型望远镜联合观测，预计解析度可达0.1角秒。这一波段的波长比毫米波更短，是最近才开始进行观测的波段。在次毫米波段中，分子的谱线非常丰富，由此可对星云有进一步的了解；毫米波还可以透过包裹在恒星外的尘云，透视恒星的形成，甚至看到在拱星盘中正在形成的大行星，而这可以增加我们对太阳系起源的了解。次毫米波的研究甚至还预期能观察到更遥远的地方正在形成的原生星系。因为次毫米波的接收机最近才成功做出来，因此这一波段可说是地面观测唯一未被开发的处女地，预计次毫米波将是21世纪初期天文发展的主角。

射电天文学从20世纪初发展至今，为我们开辟了了很多前人无缘得见的疆域，让我们对宇宙有了完全不一样的看法。在夜晚看到繁星闪烁时，要知道在可见的点点星光之外，还有很多看不见，却多彩多姿、奇幻奥妙的世界等待我们去发掘。

射电天文学

对于历史悠久的天文学而言，射电天文使用的是一种崭新的手段，为天

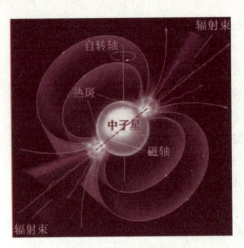

脉冲星辐射机制的灯塔模型

学开拓了新的园地。20 世纪 60 年代中的四大天文发现：类星体、脉冲星、星际分子和微波背景辐射，都是利用射电天文手段获得的。从前，人类只能看到天体的光学形象，而射电天文则为人们展示出天体的另一侧面——无线电形象。由于无线电磁波可以穿过光波通不过的尘雾，射电天文观测就能够深入到以往凭光学方法看不到的地方。银河系空间星际尘埃遮蔽的广阔世界，就是在射电天文诞生以后，才第一次为人们所认识。

射电天文学的历史始于 1931—1932 年。美国无线电工程师央斯基在研究长途电讯干扰时偶然发现来自银河方向的宇宙无线电磁波。1940 年，雷伯在美国用自制的直径 9.45 米、频率 162 兆赫的抛物面型射电望远镜证实了央斯基的发现，并测到了太阳以及其他一些天体发出的无线电磁波。第二次世界大战中，英国的军用雷达接收到太阳发出的强烈无线电辐射，表明超高频雷达设备适合于接收太阳和其他天体的无线电磁波。战后，一些

射电望远镜

雷达科技人员，把雷达技术应用于天文观测，揭开了射电天文学发展的序幕。

到了 20 世纪 70 年代，雷伯首创的那种抛物面型射电望远镜的"后代"，已经发展成现代的大型技术设备。其中名列前茅的如前德意志联邦共和国埃费尔斯贝格的射电望远镜，直径达 100 米，可以工作到短厘米波段。这种大型设备配上各种高灵敏度接收机，便可以在各个波段探测到极其微弱的天体无线电磁波。

对于研究射电天体来说，测到它的无线电磁波只是一个最基本的要求。人

们还可以应用颇为简单的原理，制造出射电频谱仪（见太阳射电动态频谱仪）和射电偏振计，用以测量天体的射电频谱和偏振。研究射电天体的进一步的要求是精测它的位置和描绘它的图像。一般说来，只有把射电天体的位置测准到几角秒，才能够较好地在光学照片上认出它所对应的天体，从而深入了解它的性质。为此，就必须把射电望远镜造得很大，比如说，大到好几千米。这必然会带来机械制造上很大的困难。因此，人们曾认为射电天文在测位和成像上难以与光学天文相比。可是 20 世纪 50 年代以后射电望远镜的发展，特别是射电干涉仪（由两面射电望远镜放在一定距离上组成的系统）的发展，使测量射电天体位置的精度稳步提高。20 世纪 50 年代到 60 年代前期，在英国剑桥，利用许多具射电干涉仪构成了"综合孔径"系统，并且用这种系统首次有效地描绘了天体的精细射电图像。接着，荷兰、美国、澳大利亚等国也相继发展了这种设备。到 20 世纪 70 年代后期，工作在短厘米波段的综合孔径系统所取得的天体射电图像细节精度已达 2 毫秒，可与地面上的光学望远镜拍摄的照片相媲美。射电干涉仪的应用还导致了 20 世纪 60 年代末甚长基线干涉仪的发明。这种干涉仪的两面射电望远镜之间，距离长达几千千米，乃至上万千米。用它测量射电天体的位置，已能达到千分之几角秒的精度。20 世纪 70 年代中期，在美国完成了多具甚长基线干涉仪的组合观测，不断取得重要的结果。

值得注意的是，应用射电天文手段观测到的天体，往往与天文世界中能量的迸发有关：规模最"小"的如太阳上的局部爆发、一些特殊恒星的爆发，较大的如演化到晚期的恒星的爆炸，更大的如星系核的爆发等等，都有强烈的射电反应。而在宇宙中能量迸发最剧烈的天体，包括射电星系和类星体，每秒钟发出的无线电能量估计可达太阳全部辐射的 1 000 亿倍乃至百万亿倍以上。这类天体有的包含成双的射电源，有的伸展到周围很远的空间。有些处在核心位置的射电双源，以视超光速的速度相背飞离。这些发现显然对于研究星系的演化具有重大的意义。高能量的银河外射电天体，即使处在非常遥远的地方，也可以用现代的射电望远镜观测到。这使得射电天文学探索到的宇宙空间达到过去难以企及的深处。

这一类宇宙无线电磁波都属于"非热辐射"，有别于光学天文中常见的热辐射。对于星系和类星体，非热辐射的主要起因，是大量电子以接近于光速的速度在磁场中的运动。许多观测事实都支持这种见解。但是，这些射电天体如何产生并不断释放这样巨大的能量，而这种能量如何激起大量近于光速的电子，则是当前天文学和物理学中需要解决的重大课题。天体无线电磁波还可能来自其他种类的非热辐射。日冕中等离子体波转化成的等离子体辐射就是一例。而在光学天文中所熟悉的那些辐射，也同样能够在无线电磁波段中产生。例如，太阳上的电离大气以及银河系的电离氢区所发出的热辐射，都是理论上预计到的。微波背景的2.7K热辐射，虽然是一个惊人的发现，但它的机制却是众所周知的。

　　光谱学在现代天文中的决定性作用促使人们寻求无线电磁波段的天文谱线。20世纪50年代初期，根据理论计算，测到了银河系空间中性氢21厘米谱线。后来，利用这条谱线进行探测，大大增加了人们对于银河系结构（特别是旋臂结构）和一些河外星系结构的知识。氢谱线以外的许多射电天文谱线是最初没有料到的。1963年测到了星际羟基的微波谱线；60年代末又陆续发现了氨、水和甲醛等星际分子射电谱线；在70年代，主要依靠毫米波（以及短厘米波）射电天文手段发现的星际分子迅速增加到50多种，所测到的分子结构愈加复杂，有的链长超过10个原子。这些分子大部分集中在星云中，它们的分布有的反映了银河系的大尺度结构，有的则与恒星的起源有关。研究这些星际分子对于探索宇宙空间条件下的化学反应将有深刻影响。

　　40多年来，随着观测手段的不断革新，射电天文学在天文领域的各个层次中都作出了重要的贡献。在每个层次中发现的天体射电现象，不仅是光学天文的补充，而且常常超出原来的想象，开辟新的研究领域。

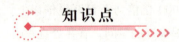

知识点

太阳黑子

　　太阳黑子是太阳光球上的临时现象，它们在可见光下呈现比周围区域黑暗的斑点。它们是由高密度的磁性活动抑制了对流的激烈活动造成的，在表面形成温度降低的区域。虽然它们的温度仍然大约有3 000℃—4 500℃，但是与周围 5 780℃ 的物质对比之下，使它们清楚地显示为黑点，因为黑体（光球非常近似于黑体）的热强度（I）与温度（T）的四次方成正比。如果将黑子与周围的光球隔离开来，黑子会比一个电弧更为明亮。当它们在太阳表面横越移动时，会膨胀和收缩，直径可以达到 80 000 千米，因此在地球上不用望远镜也可以直接看见。

太阳黑子很少单独活动，常是成群出现。黑子的活动周期为 11.2 年，活跃时会对地球的磁场产生影响，主要是使地球南北极和赤道的大气环流做经向流动，从而造成恶劣天气，使气候转冷。严重时会对各类电子产品和电器造成损害。

延伸阅读

电磁波可引雷

一位技术专家表示，手机、无线上网，甚至使用太阳能热水器洗澡等方式都有可能引起感应雷的袭击。因为手机的电磁波是雷电很好的导体，能够在很大的范围内收集引导雷电。此后，从另外一位技术专家处也了解到，手机的无线电磁波即电磁波是可以吸引传导雷电的。

所以说，电磁波会招雷是专家基本一致的意见。

但对于电磁波招雷会否导致使用者遭雷劈，目前各方还没有统一的看法。

北京市气象局防雷中心办公室负责人表示，对于打雷时可否打手机的问题，由于此问题目前尚在争议之中，他们无法回答该问题。

其中技术专家表示，会发生打电话被雷击中是因为雷雨天气时独自身处在旷野或山上（高处）的人本身就易发生危险，若此时再使用手机，被雷击的概率就会加大很多。

若周围有避雷设施，相对来说就安全很多。另一位资深专家表示，本来雷雨时孤身待在空旷场地里的人就很不安全，因为这时人是最高点，面临着直击雷的威胁。而手机即使不接打时也在不间断地自动发送电磁波，因而尽管目前手机电磁波能否引雷（感应雷）之说没有经专家专门研究过，为安全起见，雷雨天气当人们在周围没有防雷设施的户外活动时应及时关闭手机。但在城市的街道上活动的人们就安全得多，因为周围的高楼及比你高的物体都是较好的避雷器。

英德"导航战"

现代词汇中经常出现的"导航战"（Navigation Warfare）一词，在总体上与"电子战"非常相似，通常它们二者都被认为是一种新的现代科学技术的发展成果，是当今时代的典型特征之一。事实上，无论是"电子战"还是"导航战"，它们的起源都可以追溯到近 70 年以前，即第二次世界大战期间，德国于 1940 年对英国发动的空袭闪击战。这是有据可查的最早的关于"电子战"和"导航战"的历史记载。

喷火式战斗机

最初德国对英国居民点的空袭在白天进行，但是这种做法没有征服英国，于是德国空军的轰炸行动开始改在夜间进行，因为这样做可以大大减少德国空军轰炸机的损失率。在白天的战斗行动中，英国皇家空军战斗机司令部的喷火式战斗机和飓风式战斗机，在其机载雷达的帮助下给德国空军的轰炸机造成了极大的麻烦，但是到了夜间，情况就不同了，德国空军面临的英国空军的战斗机的威胁会大大减少。这时德国空军进行夜间轰炸所面临的主要的障碍，实际上同这一时期发生的所有的盲目轰炸一样，就是缺少机载的地图测绘雷达，最主要的就是没有精确的导航支援。在当时，德国空军是世界各国空军中一支很强大的创新者，它积极地寻求解决这一问题的办法。它的出发点就是引入洛伦兹盲降系统（或叫仪表着陆系统），在德语中被简称为 LFF。这一洛伦兹系统工作于 38 兆赫兹的频率上，用来帮助实施盲降的飞机在着陆前的下降过程中校准它的航向。在机场跑道的起始处，设立有一个无线电发射机，这个发射机共有 3 副天线，这些天线可以发射两束重叠的无线电磁波。其中一束电磁波是用一系列的"长划"来调制的，另外一束电磁波是用一系列的"点"来调制的，类似于莫尔斯电码中的"点"和"划"。

德国空军的许多轰炸机都装备了这种洛伦兹接收机。如果轰炸机的航向与电磁波波束的指向保持一致，飞行员的耳机当中就会听到一种持续不变的音调，如果航向偏左或是偏右，飞行员会听到"点"或者是"划"的音调。洛伦兹系统是一个巨大的创新，在当时它最终导致了现代的仪表着陆系统（ILS）的产生。此外，使用与盲降系统相同的一套接收机，洛伦兹系统还能够为轰炸机实施准确轰炸提供一种导航支持。Knickebein 系统就是其中的一个，这个系统由德国神话中的一种大乌鸦而得名，是一种改进型的洛伦兹系统，它的天线系统体积更大，方向性更强，并且易于操纵，可以在更远的距离上产生一个更窄的波束（只有 0.3 米宽）。Knickebein 系统能够向着轰炸目标发出两束波束，轰炸机沿着其中一条具有引导功能的波束的中间方向飞向目标，这束电磁波的前进方向正好通过目标的正上方，它与另外一束电磁波在目标上空相遇交叉，这个地方就是轰炸机投弹的地方。Knickebein 系统是洛伦兹着陆系统的一个变种使用，它确实是一种崭新而神秘的装置。Knickebein 系统之后是一种更加先进的被称为 X - Geraet 的系统，它由汉斯·普兰德尔博士发明，使用多个洛伦兹型的发射机来为轰炸机定位，工作频率 66 兆 ~75 兆赫兹。

轰炸机沿着引导波束（从目标的上方通过）的中间飞行，然后与用来进行交叉定位的多个波束相交，在每一个电磁波交汇的地点系统都会告知飞行员他的飞机距离轰炸目标的距离。在第一个波束交叉点系统会提示还有 50 千米远的距离，告诉飞行员精确瞄准沿着引导波束的中间来飞行。第二个波束交叉点出现在距离轰炸目标 20 千米远处，系统会告诉领航员打开一个时钟。这个时钟有两个独立的指针，其中的一个在这个点上开始旋转。第三个波束交叉点在距离目标 5 千米远的地方，这时领航员打开时钟的第二个指针，当时钟的这两个指针成一条直线时，会触发投弹的电子自动装置来完成投弹。X - Geraet 系统需要精确的飞行控制和精确的无线电磁波发射机的校准装置，这一校准装

置被安装在一个操作非常简便的转盘上面。别看它简单，它却能够提供当时最高级别的精确度。德国空军的第 100 特别轰炸大队于 1939 年末成立，装备有25 架经过特别装配的 He－111 引导轰炸机。敦刻尔克战役之后，德国空军在荷兰和法国境内建造了一系列 Knickebein 系统和 X－Geraet 系统的场站。

美国 B2 隐形轰炸机

英国人很快就得到了关于 Knickebein 系统和 X－Geraet 系统的情报。早在 1939 年 11 月，英国人就收到了一个由一名德国的反政府的科学家提供的技术情报资料，称为"奥斯陆报告"。1940 年，通过缴获的日记、笔记，对俘虏的德国轰炸机领航员的日志和对被击落的德国空军机组人员的审讯记录，英国人证实了英国技术情报单位最担心的事情，那就是，德国对盲目投弹的支援是真实的、有效的。

为了摸清德国空军的真实企图，英国皇家空军组建了有史以来第一个电子情报单位，这个单位装备有 3 架过时的老掉牙的 Avro Anson 轰炸机，机上载有适合工作需要的无线电接收机。经过多次的努力，对 Knickebein 系统发射的电磁波波束的探测终于在 1940 年 6 月获得成功，英国人探测到了一个 400～500米宽的波束，并在 31.5 兆赫兹的频率上找到了预期中的信号调制的特征。随后英国人又发起了针对德国 Knickbein 系统的"头痛"行动。最初英国人采取的防御性措施是安装使用陆基的噪声干扰发射机，并让其在 Knickbein 系统的频率上工作。这种发射机是由医疗设备——烧灼伤口的电子透热治疗仪器改进而来的。

英国人的第二项措施是征用所有能够加以利用的洛伦兹着陆系统发射机，经重新装配后作为干扰发射机使用来对付 Knickebein 系统。由于当时英国可以得到的这些发射机的功率都比较小，因此它们只是能够干扰 Knickebein 系统的信号，但是还无法实现英国人既定的目标，那就是促使 Knickebein 系统波束发生弯曲，使轰炸机的航向偏离轰炸目标。英国人在陆基告警接收机方面做了更多的工作，经过改进，这些告警接收机可以确定 Knickebein 系统中的诸多频率

在某一天的具体使用情况。

1940 年 7 月，英国在其东海岸的多个雷达站部署了许多这样的接收机。然而，英国对德国实施的电子战（ECM）的核心却是"阿斯匹林"计划，它的做法是利用一个大功率发射机来仿效德国的 Knickebein 系统发出的用"点"调制出来的信号，这样就可以迷惑德国的飞行员，甚至当飞行员已经锁定在了 Knickbein 系统的电磁波上的时候，他还会听到由"阿斯匹林"系统的干扰机发出的"滴、滴"的声音（即"点"的声音）。

英国的权威人物，如阿尔弗莱德·普莱斯等人指出，英国当时并没有研究使用一个同步欺骗中继式干扰机来改变德国人的电磁波波束的指向，尽管这一做法在今天已经非常普及。英国人成功发起的是大规模、不连贯、非同步式的干扰，在这些干扰面前，德国飞行员的使用电磁波导航的能力被大大削弱。普莱斯非常理智地指出，尽管英国的电子反制措施多次对德国 Knickebein 系统电磁波造成了波束扭曲，但是这种现象带有较大的偶然性。

当德国空军的轰炸机、英国的"阿斯匹林"干扰机和位于欧洲大陆上的 Knickebein 发射场这三者之间的距离恰好满足条件，即德国的轰炸机接收到英国人发出的这些"点"的信号在时间上正好与 Knickebein 系统发出的信号同步，这样，德国的飞行员就会被欺骗了。

普莱斯还指出，德国飞行员受到迷惑的另外一个可能性就是德国飞行员们把他们的接收机调谐到了"阿斯匹林"干扰机的频率上，而不是调谐到了 Knickebein 信号上。由于 Knickebein 信号是从欧洲大陆上传播过来的，所以其信号强度比英国人的干扰信号要弱得多，故此德国飞行员错认电磁波信号也决非偶然。普莱斯引用了一名被俘的德国轰炸机机组成员讲过的一个故事，他说这架德国轰炸机跟着"阿斯匹林"信号来飞行，后来才发现他们兜了一个大大的圈子。

到 1940 年 10 月为止，为了对付德国的 Knickebein 系统，英国总共部署了 15 个"阿斯匹林"干扰机。在与德国轰炸机的对抗中，英国投下了巨大的赌注。一份对 Knickebein 系统导航精确性的评估报告称，Knickebein 系统能够在轰炸目标的周围划出一个 300 米见方的区域，如果用 40 架轰炸机来进行轰炸，那么平均每隔 17 米投下一枚炸弹就可以对目标实施饱和轰炸。1940 年，德国空军把它的 KG.100 轰炸机联队投入到了对英国的空袭战斗之中，这个联队使

用更加先进、更加精确的 X – Geraet 导航瞄准系统来进行导航。20 架 He – 111H 重型轰炸机在夜间轰炸了位于伯明翰的一家生产"烈火式"战斗机的工厂，有 11 枚炸弹击中了工厂厂房，创下夜间空袭历史上精确度之最高。X – Geraet 系统在英国皇家空军的代号中被称为"无赖"，它工作于 74 兆赫兹的频率上，能够产生与 Knickebein 系统类似的调制波。X – Geraet 系统的平均误差可以稳定在 120 米左右，而现在的 GPS 全球定位系统的定位精度在最糟糕的情况下也可以达到 30 米的精度。为了对付德国的 X – Geraet 系统，英国使用雷达部件研制出了一种名为"Bromide"的干扰机。在 Bromide 干扰机还处于研发的阶段，德国空军 KG. 100 轰炸机联队在 X – Geraet 系统的帮助下实施了 40 余次空袭。

这些空袭行动的主要目的是进行作战评估和发展战术。正是在这些行动中，KG. 100 轰炸机联队开始投下燃烧弹，燃烧弹落地后造成持续燃烧的大火，火光能够为其他有着更大杀伤力的炸弹的攻击标明目标。后来英国皇家空军轰炸德国城市时也使用过类似的方法，英国人把它称为"路径寻找技术"。1940 年 11 月 6 日，英国皇家空军得到一个意外的情报，一架 KG. 100 联队的 He – 111 轰炸机在英国的布里德波特附近的海滩降落。英国对位于法国境内的德军无线电发射器的探测和干扰，导致了这架海因克尔飞机偏离了航线，最终因燃料耗尽而迫降。不幸的是，在打捞这架海因克尔飞机的过程中，英国皇家海军由于操作失误使这架飞机沉入了浅水中，值得庆幸的是英国人后来成功恢复了这架被水浸泡过了的飞机中的 X – Geraet 接收机。德国空军对英国考文垂市的毁灭性的轰炸，也是在 KG. 100 轰炸机联队使用 X – Geraet 系统引导之下来完成的。这个系统有两波束发射装置，一个位于法国西北部的瑟堡半岛，用来发射起引导作用的无线电磁波射束，另外一个位于法国的加来，用来发射起横断、交叉作用的无线电磁波射束。英国第一批投入使用的 4 个 Bromide 干扰机并没有发挥出预期的作用，因为它们的调制方式与 X – Geraet 系统并不匹配，被 KG. 100 联队轰炸机上的接收机给过滤掉了。KG. 100 联队的轰炸机锁定了考文垂，加上从其他飞行单位来的共计 400 多架轰炸机对考文垂实施了轰炸，集中投弹量达到 450 吨。

英国对俘获的 X – Geraet 系统的接收机进行了分析，这对改进他们的 Bromide 干扰机和制造新型的干扰机非常有帮助。由于 Bromide 干扰机性能的改进，1941 年 11 月 19 日 KG. 100 联队对伯明翰的空袭遭到了失败。尽管如此，英国皇家空军还是面临着问题，那就是他们没有足够数量的干扰机来覆盖和保护整个英国的国土面积。正是因为这个原因，伦敦、南安普敦和谢菲尔德等几个城市遭到了德国人成功的轰炸。

到 1941 年初，X–Gerae 系统已经开始失去其当初的战斗力，德国空军也开始对它失去信任。但是德国空军又开始部署第三种无线电轰炸导航系统，这套系统同样也是由普兰德尔博士发明的，被叫做 Wotan II 系统，也被叫做 Y–Geraet 系统。Y–Geraet 系统使用一个与 X–Geraet 系统非常相似，但是具有自动化特征的工作方案来为轰炸机领航和跟踪目标。它使用一个发射场的异频雷达收发机来测量 Y–Geraet 系统主站和轰炸机之间的距离。Y–Geraet 系统主站的操作员可以跟踪轰炸机的位置，并通过无线电通信向飞行员发布航向修正指示，这与"背对面的测距装置"的工作原理完全相同。但是德国空军使用 Y–Geraet 系统并没有给它带来比使用前两种导航系统更多的幸运和成功。原因是英国在伦敦北部的 Alexandra Palace 这个地方启用了一套备用和实验用的英国广播公司（BBC）的电视发射机，并通过改造使它能够重复广播 Y–Geraet 系统的测距信号，这种装置被命名为"多米诺"。

过了没多久，英国人又在索尔兹伯里的 Beacon Hill 部署了第二套这种专门用来对付 Y–Geraet 系统的"多米诺"干扰机。为了完全破坏德国实施的测距行动，英国皇家空军对 Y–Geraet 系统有效地实施了代号为"测距电磁波偷梁换柱"的干扰计划。在这一计划中，德国的地面站接收机会被引诱，用雷达自

电子干扰机

动跟踪英国的"多米诺"干扰机信号，而不是跟踪安装在轰炸机上的 Y–Geraet 系统异频雷达收发机的信号，这样英国人就能够以"多米诺"干扰机的距离来假冒德国轰炸机的实际距离，从而达到偷梁换柱之目的，使德军的测距失去准确性。"多米诺"干扰机果真起了作用，在 1941 年 3 月的头两个星期

内，Y-Geraet 系统引导下的空袭行动最终只有 20% 实施了可控制的投弹，有 3 架汉克飞机被击落。

5 月初，英国皇家空军修复了这些被击落的飞机上的 Y-Geraet 系统接收机。英国人很快发现，用以测量电磁波波束的方位误差的自动化装置，对连续波干扰很敏感，它的方向分析机的电路会因连续波的干扰而损坏。此时德国空军已经没有时间对英国发动更多的空袭行动了，随着针对苏联的"巴巴罗萨计划"的形成，KG. 100 联队被重新部署到了东方战线上，至此，英国与德国之间的电磁波之战最终以德国的失败而告终。

第二次世界大战期间英德的电磁波之战通常被看作是有史以来的第一次电子对抗领域的现代作战行动。在这场斗争中，德国人的失误在于它没有重视改进其电子系统的抗干扰性能，而是一味地部署更加新型、更加先进的系统。时至今日，这场电子对抗行动仍然不失为一个值得后人学习的典型战例，通过对这一战例的学习和研究，人们能够知道技术情报的收集和分析工作是如何进行的，以及它对现代战争是多么重要。

知识点

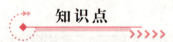

喷火式战斗机

　　喷火战斗机是英国在第二次世界大战期间最有名，也是最主要的单发动机战斗机。从 1936 年第一架原型机试飞开始，喷火不断地改良，期间并且使用两种不同的液冷式发动机，不仅担负英国维持制空权的重大责任，转战欧洲、北非与亚洲等战区，提供其他盟国使用，战后还到中东地区参与当地的冲突。

　　喷火战机在不列颠空战时名声大噪，与皇家空军另一主力战斗机飓风战斗机捍卫英国本土。当中喷火战斗机虽然数量较少，但因为它的性能较佳，是与德军的护航战斗机 Bf 109 作战的主力。也成为此后（直至二战结束）英国皇家空军的主力战斗机。

第二次世界大战

第二次世界大战（简称二次大战、二战）是一次自 1939 年至 1945 年的全球性军事冲突，以德国、意大利、日本法西斯轴心国（及芬兰、匈牙利、罗马尼亚等国）为一方，以反法西斯同盟和全世界反法西斯力量为另一方进行的第二次全球规模的战争。

第二次世界大战的战争可划分为西、东两大主战场，即欧洲北非战场和亚洲太平洋战场，战火燃及欧洲、亚洲、非洲和大洋洲。在欧洲，战争的原因可以追溯到 20 世纪初的第一次世界大战（1914—1918），一战的结果以及签订的一系列针对战败国的条约导致了纳粹主义在德国兴起，使德国成为二战的主要策源地。在东亚，日本军国主义势力抬头，使得日本走上了侵略扩张之路。第二次世界大战最后以美国、苏联、中国、英国等反法西斯国家和世界人民战胜法西斯侵略者赢得世界和平与进步而告终。

这次战争是历史上最广泛的战争，动员超过 1 亿军事人员参与。在全面战争状态时，主要的参战国几乎将全国的经济、工业和科学技术应用于战争上，并将民用与军用资源合并。从有记录的涉及大规模的民众死亡事件，包括大屠杀和广岛市、长崎市原子弹爆炸，可知约有 5 000 万～7 000 万人死亡，是人类历史上死亡人数最多的战争。

GPS 在军事中的应用

在军事任务中，GPS 是大幅提升军力的重要手段。GPS 具有的通用数据、通用格栅、通用时间，使它在军事作战的各个方面都起着重要的作用。

GPS 独一无二的特性是：在地球上任何时间、任何地点、任何光照、气候或在其他资源无法看清目标的条件下，能在目标和瞄准该目标的动态武器系统

GPS 全球定位系统工作示意图

之间建立起四维空间的唯一相关性。GPS 的这一特点增强了精确武器的杀伤力，提高了军事任务策划者指挥军队作战的效率，使执行任务的战士或部队减少风险。其优越性甚至达到这种程度：凡是利用精确的 GPS 信号确定的目标点和制导的武器，无论在任何环境下其击中目标的概率远高于任何其他目标瞄准和定位相结合的技术。此外，由于 GPS 的应用不需要发射电子信号，因此，GPS 可在要求不会产生无线电磁波的情况下，实现安全、高效和精确作战。由于 GPS 的这种性能特点，美国国防部和国会都始终强令军事作战使用 GPS。GPS 的功能已经或正在被装备、集成到美国国防部运行的几乎所有重要军事作战系统及其通信、数据等支持系统中。现将特别任务组对 GPS 在各项军事任务中的作用分别简要评估如下。

空中应用

GPS 可为所有载人和不载人空中平台的空中作战提供全球精确制导。在整个飞行阶段，包括精密逼近和着陆，GPS 无需依赖地基导航或地面控制，就能在全球任何地方提供点到点的空中导航。在飞机上，GPS 与惯性导航联合使用效果最好。在 GPS 惯性制导组合系统中，GPS 为惯性制导系统提供初始化数据，为惯性系统漂移提供补偿，同时，惯性制导系统也为 GPS 提供在高加速度运动和方向改变时改善跟踪性能。在许多应用中，GPS 惯性制导联合系统可以使用低成本的惯性系统，而单独用的惯性系统成本高。通过联合战术信息分发系统（JTIDS）通信网络转发的 GPS 位置数据，可为航空指挥官连续提供空中战机部署的三维精确图像。无论是飞机还是机载武器都可使用 GPS。但是，由于目前只有少数类型的飞机能直接向机载 GPS 武器传输初始化数据，从而使它们从机翼下或弹舱中释放出来时能迅速捕获和跟踪 GPS 信号，因此机载 GPS 武器的效能尚未充分发挥。

海上应用

GPS 能为公海、沿海区域、海港和内陆水道上航行的舰船提供全球无缝海事导航。GPS 已经取代了以前公海上的舰船和潜艇导航常用的两种无线电导航系统，取消了飞机从公海返回航空母舰时所需要的高功率无线电通信要求。GPS 也改善了在夜间和可视条件很差的情况下极近距离操作的安全性。

陆地应用

GPS 使全球陆地作战更有效和更安全。GPS 与带有栅格的地图相结合能使地面部队在无特征地形条件下实施协同作战；与激光测距仪合用时，可精确确定 GPS 制导武器的远距离攻击目标。GPS 与战术安全通信设备合用，可使指挥官连续掌握部队的位置和行进方向，提高作战效率和减少误伤。至于 GPS 在森林、高山和城市地区应用的局限性，可以通过增强军用信号和提升卫星遮蔽角的方法予以解决。

太空中的应用

GPS 能连续高精度地确定地球同步轨道（GEO，约 35 400 千米）高度以下的卫星轨道，从而使 GPS 取代了地基雷达。这类地基雷达应用不方便，必须提前预报卫星过顶时间，无法连续跟踪单颗卫星，而且许多地基雷达还必须建在国外。GPS 星座运行于中圆轨道（MEO，约 20 350 千米），因此 GPS 对运行在低于 7 400 千米轨道上（而低地球轨道远低于这一高度）的卫星，能像对飞机导航那样提供连续的点定位；对位于 MEO 或高于 MEO 轨道运行的卫星则要跟踪来自 GPS 星座另一半卫星溢出地球边缘的 GPS 信号，并采用连续采集数据技术确定其轨道位置；如果处于 MEO 和地球同步轨道卫星的系统要使用 GPS，则需要捕获直接对地球广播的 GPS 信号，使处于地球另一面的卫星能够接收到足够强的 GPS 信号能量，这样，这类轨道上的卫星才能完成轨道测量计算。

武器投放

利用 GPS 可以实现从全球任何地方全天候、全天时的精确武器投放任务。GPS 已提高了各种炸弹、巡航导弹和火炮的命中率和准确度。GPS 能使武器从距目标越来越远的射程外进行远距离投放，从而提高了武器投放机组人员的安全。巡航导弹在缺少地形特征或缺少预知任务计划资料的情况下，通常难以执行攻击任务，但是 GPS 却为巡航导弹完成这类攻击任务提供了多种部署选择。采用 GPS 精确制导炸弹或 GPS 锁定目标坐标的火炮对敌攻击，为近距离接近敌方的地面支持部队提供了更高的安全性。

目标瞄准

在使用 GPS 制导武器攻击固定目标时，目标位置误差（TLE）是系统总误差中的单一最大贡献者。如果能采用 GPS 来精确测定这些目标的坐标，就可大大增强精确攻击这些目标的能力。地面部队和前线航空管制人员通常把 GPS 与激光测距探测结合起来使用。GPS 与机载合成孔径雷达结合使用，也可获得与飞机位置相关联的精确目标瞄准信息。

特种部队行动中的应用

GPS 除了对陆、海、空导航定位，目标瞄准和武器投放贡献巨大外，还在特种部队行动中发挥作用。GPS 在任何天气条件下能使特种部队人员实现陆地、海洋和空中的日夜隐蔽、准确会合。特种部队只需利用 GPS 了解各自的精确位置和时间信息就可实现会合，而不需要发射无线电或其他容易暴露自己的不必要标识。

后勤补给

GPS 增强了各种后勤保障和补给工作的安全与效率。它能为军事规划作战行动提供事先在隐蔽地点配置军用补给品的精确位置，即使不能事先确定补给品的位置，GPS 也能准确确定所需补给品的投放位置。GPS 可在任何天气条件下，精确、隐蔽、全天时地实现对舰船的海上补给和加油交会操作以及飞机在空中加油的交会操作。

扫雷/清除爆炸物

GPS 利用差分技术的增强系统，能精确绘制出地下或水下雷区的分布图，为建立安全航线和提高清除爆炸物操作的安全性做出贡献。

搜索与救援

GPS 能精确确定被击落飞机逃逸飞行员的位置，从而提高救援的成功率。目前投产的作战遇险脱逃者定位器手机，已将 GPS 融合到低截获/低探测概率的超视距和直接通信装置中，从而大大提高了搜索与救援能力。

卫星搜索营救系统

通信系统

GPS 为有线、无线通信和数据网络提供时间和频率同步。对于加密的通信和数据传输，特别是保持不同网络之间节点的有效沟通，同步化是必不可少的。美国海军观测站负责国防部的授时任务。USNO 的任务之一是管理维护 GPS 主控站的互为备份主钟，并提供校准 GPS 时间与 USNO 标准时一致所必需的数据。GPS 卫星星座的授时信号也就是 USNO 时间的传输版，并且已被参谋长联席会议正式指定为军队作战使用的时间源。

情报、监视和侦察系统

GPS 能增强有关情报、监视和侦察数据的地理坐标效能，同时提供各类 ISR 系统所用的精确授时信息。

网络中心战

GPS 为网络中心战开展支援或攻击行动，提供所需的授时和同步化，也能为在网络中心战中可能使用的各种无人驾驶飞行器提供短期或长期的精确导航。

战场感知

GPS能为有效的战场感知能力提供基础的三维空间与时间信息。三维空间信息通过联合战术信息分发系统和增强定位报告系统等战术通信/导航网络传输，为各级指挥机构连续的战场感知奠定基础。精确的三维空间和时间信息也是"蓝军跟踪"和"联合蓝军态势感知"能力的重要组成部分。这种能力有利于减少误伤和协同作战。

伊拉克战争中的人工闪电。伊拉克战争又称美伊战争、第二次海湾战争。2003年3月20日，以美国和英国为首的多国部队正式宣布对伊拉克开战。在3月26日美国哥伦比亚广播公司报道美国军队第一次在伊拉克使用了"微波炸弹"，轰炸的结果使得伊拉克电视台转播信号被迫中断。巡航导弹携带着微波炸弹飞向目标，微波炸弹通过巡航导弹发射。该炸弹利用微波发生器产生快速脉冲波束，能以高能量微波辐射攻击敌方武器平台的电子设备，在其内部骤然加热，熔化或烧毁其电子元件。试验表明，在目标区内当微波束能量密度达到$10 \sim 100$瓦/厘米^{2}时，可烧毁任何工作波段的电子元件；在距离"微波炸弹"2.5千米之内，敌方的所有无线电电子系统、雷达系统、通信系统、计算机都会在一瞬间失去作用，敌方指挥中枢将丧失作战能力。其中一种被称为"人工闪电"、由巡航导弹携带的"高能微波"装置在击中目标后，瞬间产生的能量其功率"相当于世界上最大的水力发电站"。它的电磁脉冲可以通过通风口、管道和天线进入各种建筑包括厚厚的地下掩体，把300米以内的所有计算机内部的电子元件"烤焦"。

威力巨大的电磁武器电磁波辐射会对人体造成损伤，这是已被科学和实战证实了的。一些国家正在利用这一原理，研制威力巨大的电磁武器。根据电磁波长，电磁武器分为5类：低频和极低频武器、射频武器、超高频（或微波，简称MO）武器、光频武器和粒子武器。

低频和极低频武器威力较小，它不会摧毁人的细胞而伤害人的性命，但仍不失为一种令人生畏的武器。它的射线能够改变人的新陈代谢过程，特别是干扰甲状腺的功能，从而使人的反应速度降低，记忆力减退，动作变得笨拙。射线的频率越高，其威力就越大。

知识点

GPS 系统的组成

GPS 系统主要由空间星座部分、地面监控部分和用户设备部分组成。

空间星座部分

GPS 卫星星座由 24 颗卫星组成，其中 21 颗为工作卫星，3 颗为备用卫星。24 颗卫星均匀分布在 6 个轨道平面上，即每个轨道面上有 4 颗卫星。卫星轨道面相对于地球赤道面的轨道倾角为 55°，各轨道平面的升交点的赤经相差 60°，一个轨道平面上的卫星比西边相邻轨道平面上的相应卫星升交角距超前 30°。这种布局的目的是保证在全球任何地点、任何时刻至少可以观测到 4 颗卫星。

地面监控部分

地面监控部分主要由 1 个主控站、4 个地面天线站和 6 个监测站组成。

用户设备部分

用户设备主要是 GPS 接收机，主要作用是从 GPS 卫星收到信号并利用传来的信息计算用户的三维位置及时间。

延伸阅读

"北斗一号" 卫星导航系统与 GPS 系统比较

覆盖范围：北斗导航系统是覆盖中国本土的区域导航系统。覆盖范围东经约 70°~140°，北纬 5°~55°。GPS 是覆盖全球的全天候导航系统，能够确保地球上任何地点、任何时间能同时观测到 6~9 颗卫星（实际上最多能观测到 11 颗）。

卫星数量和轨道特性：北斗导航系统是在地球赤道平面上设置 2 颗地球同步卫星，卫星的赤道角距约 60°。GPS 是在 6 个轨道平面上设置 24 颗卫星，轨道赤道倾角 55°，轨道面赤道角距 60°。GPS 导航卫星轨道为准同步轨道，绕地球一周 11 小时 58 分。

定位原理：北斗导航系统是主动式双向测距二维导航。地面中心控制系统解算，提供用户三维定位数据。GPS 是被动式伪码单向测距三维导航。由用户设备独立解算自己三维定位数据。"北斗一号"的这种工作原理带来两个方面的问题，一是用户定位的同时失去了无线电隐蔽性，这在军事上相当不利，另一方面由于设备必须包含发射机，因此在体积、重量上、价格和功耗方面处于不利的地位。

定位精度：北斗导航系统三维定位精度约几十米，授时精度约 100ns。GPS 三维定位精度 P 码目前已由 16m 提高到 6m，C/A 码目前已由 25 ~ 100m 提高到 12m，授时精度目前约 20ns。

用户容量：北斗导航系统由于是主动双向测距的询问—应答系统，用户设备与地球同步卫星之间不仅要接收地面中心控制系统的询问信号，还要求用户设备向同步卫星发射应答信号，这样，系统的用户容量取决于用户允许的信道阻塞率、询问信号速率和用户的响应频率。因此，北斗导航系统的用户设备容量是有限的。GPS 是单向测距系统，用户设备只要接收导航卫星发出的导航电文即可进行测距定位，因此 GPS 的用户设备容量又是无限的。

生存能力：和所有导航定位卫星系统一样，"北斗一号"基于中心控制系统和卫星的工作，但是"北斗一号"对中心控制系统的依赖性明显要大很多，因为定位解算在那里而不是由用户设备完成的。为了弥补这种系统易损性，GPS 已经在发展星际横向数据链技术，使万一主控站被毁后 GPS 卫星可以独立运行。而"北斗一号"系统从原理上排除了这种可能性，一旦中心控制系统受损，系统就不能继续工作了。

实时性："北斗一号"用户的定位申请要送回中心控制系统，中心控制系统解算出用户的三维位置数据之后再发回用户，其间要经过地球静止卫星走一个来回，再加上卫星转发，中心控制系统的处理，时间延迟就更长了，因此对于高速运动体，就加大了定位的误差。此外，"北斗一号"卫星导航系统也有一些自身的特点，其具备的短信通讯功能就是 GPS 所不具备的。

电磁波与战争

现代战争与电磁波

现代高技术战争是在复杂多变的电磁环境中展开的。电磁环境效应，直接影响着武器装备战斗效能的发挥和战场的生存能力。

随着高科技在军事领域的广泛应用，各种军用电磁辐射体如雷达、通信、导航等辐射源的功率越来越大，再加上高功率微波武器等定向能武器和电磁脉冲弹及超宽带、强电磁辐射干扰机的出现，使战场的电磁环境十分复杂。因此，有效地运用电磁频谱，控制电磁环效应，夺取并保持电磁优势，是打赢现代高技术战争的重要前提和至关重要因素。

高技术战争是信息化的战争，交战的双方是以军事电子技术和信息技术为基础在信息领域的对抗。无论是海湾战争、伊拉克战争，美国无不得益于信息技术的运用。

在信息干扰方面，每次战争前美军都首先派出多架电磁干扰飞机，对预定空袭区域进行定向强电磁干扰，破坏对方的电磁辐射源，使对方实施反空袭作战行动受到压制。而 Ea—6B "徘徊者"电子战飞机则投放强电磁辐射弹，战斧式巡航导弹携带高功率微波弹，以非核爆炸方式产生类似于高空核电磁脉冲的强电磁辐射，直接摧毁或损

F—117A 隐形战斗机

伤各种敏感电子部件，使对方雷达、计算机系统等电子装备和互联网络失去工作能力，有效地控制了战场的电磁环境。而在科索沃战争中，南联盟则吸取海湾战争的经验教训，在敌强我弱的情况下，巧用信息技术手段，躲避敌方侦察，采用防御信息战，不仅击落了包括 F—117A 隐形战斗机在内的多架北约

飞机和巡航导弹，而且有效地保存了实力，使北约的空袭不能完全奏效。

在高技术战争中，微电子技术和电爆装置广泛应用于武器系统，以计算机控制技术为核心的C3I、C4I系统已成为现代战争的"神经中枢"和"耳目"，武器系统实现了高度电子化和智能化，精确制导武器或信息化弹药已成为战场上的基本火力。海湾战争、科索沃战争和伊拉克战争都已经证明，大量智能化武器和精确制导武器在战争中发挥了独特的作用。如智能化地雷、智能化水雷，能够在探测到目标信息后，自动跳向目标并予以摧毁。美军B—52轰炸机在防空地域外发射"斯拉姆"空地导弹攻击伊拉克发电站时，发射的第二枚导弹能够不偏不倚地从发射的第一颗导弹炸开的弹洞中穿入，这不能不说是计算机技术的运用和精确制导武器发挥了关键作用。

武器系统靠电子技术大大提高了作战效能，同时武器系统强烈地依赖于电子设备及其所处的电磁环境。所以，战争的信息化、武器装备的现代化和天基发射技术、卫星侦察技术、战场监视技术与电磁对抗技术的综合运用，使高技术战争成为"硬摧毁"和"软打击"并用的"海、陆、空、天、电"一体化的五维战场。掌握信息优势，制电磁权已成为高技术战争的制高点。

现代战争中的电磁环境

战场电磁环境的形成是以电磁空间的发展和战场电磁应用与反应用的开展为基础的。在各自部队中用无线电通信进行通信联系成为人类电磁波军事应用中最早开辟的领域，随着电磁理论和电磁应用不断取得重大突破，雷达、导航、卫星等先进武器系统先后投入使用，电磁频谱利用资源越来越宽，对抗手段层出不穷，电磁波已经成为人类传递信息和能量的最重要形式，由此形成了复杂的战场电磁环境。

电磁环境难以直接被人感知，但是从电磁辐射原理出发，可以发现空间状态、时间分布、频谱范围和能量密度等是战场电磁环境形态描述的常用指标。空间状态无形无影却纵横交错，时间分布持续连贯却集中突发，频谱范围无限宽广却使用拥挤，能量密度流量密集却跌宕起伏。战场电磁环境的复杂性特征通常表现在4个方面：信号密集、样式复杂、冲突激烈和动态交迭。

各种各样的电磁波信号充斥了整个战场空间，电磁设备兼容矛盾突出，电磁领域的恶意对抗活动是战场电磁环境复杂性的最活跃、最不可控、最有针对性和破坏性的主要因素，战场电磁环境因而更加复杂。战场电磁环境存在方式不确定，既取决于电子设备的工作状态、系统的数量和性能，也取决于战场空间的季节、天候、地形等条件的不同和电离层高度、电介质性质、地磁场分布等因素的变化。

美国战略级电磁脉冲弹

为什么说扩频通信是干扰的"克星"呢？我们知道，通常的超短波通信 10 瓦电台能通 20～30 千米远，而伪码扩频设备 10 毫瓦即能通 30～50 千米。也就是说，扩频系统能带来 30 分贝以上的信噪比改善，使干扰的影响减少了 1 000 倍以上。熟悉通信的人都知道，几十年来人们为信噪比的改善付出了极大的努力，要 1 分贝、1 分贝地挖掘，2～3 个分贝的突破已是很大贡献。而突破性时刻的到来，是 GPS 信噪比的改善成为现实，这确实是一次巨大的飞跃，只就这一点已经可以说扩频通信是当代通信技术的新成就了。它对抗干扰影响具有重要作用，而且扩频通信还将带来一系列革命性的影响。

我们再从最佳通信系统的角度来看扩频通信：最佳通信系统＝最佳发射机＋最佳接收机。几十年来，最佳接收理论已经很成熟，但最佳发射问题一直没有很好解决，而伪码扩频技术却是一种极佳的信号形式和调制制度，构成了最佳发射机。因此产生了：最佳通信系统＝伪码扩频＋相关接收。

有了这种全新的认识，人们就已不难预测扩频通信的未来前景了。还使军事通信在电磁环境复杂、干扰严重情况下实现顺畅指挥变为可能，从而为军事通信的进一步发展奠定了重要基础，它已成为未来军事通信和民用通信的一大发展方向。

据报道，一些国家正在开发新的电磁能源和武器，它能使人的肌肉不能随意运动，能控制人的感情和行动，给人催眠或给人传递睡眠暗示，干扰人的记忆，使记忆发生错乱，甚至消失。另一种研制中的电磁武器能够摧毁物质目标，尤其是电子目标，甚至摧毁有生命的目标。人体对电场和微波束的抵抗能力很强，因而只有功率强大的电磁武器才能杀伤人类。它杀伤人类的原理是它能够在人体内诱导出有害的生物学反应，特别是对人的大脑功能造成干扰。

有的国家还在研制一种装置，它可以向电离层发射高频电磁波来局部干扰电离层，从而使依靠电离层作为反射层的广播电台和雷达失效。足够强大的电磁波能使一些气象要素受到干扰，从而引起气象灾害：暴风雨、龙卷风、持续干旱……人们甚至打算将来利用可控能源在太空操纵气象。

电磁武器的一大优点是：它的"子弹"是各类电磁波，其速度等于光速，即每秒30万千米；而常规火器中飞行速度最快的导弹，其飞行速度每小时超不过3万千米。常规火器按枪管或炮管的口径分类，而电磁武器则是根据其所发射电磁波的频率和调制方式分类。

在海湾战争的过程中，美英等国在战争中使用了各式各样的"睡眠武器"，从而控制战争的进程，减少自身伤亡。

睡眠对于调节人的精神状态、补充体力具有十分重要的作用。如果士兵在战场上连续作战，一旦感到精神疲惫，缺乏睡眠，就会行动迟缓，战斗力下降。处于睡眠状态的士兵则战斗力全无。如何找到一种可靠的办法来控制士兵的睡眠，便成了一些国家的共同想法。

早在20世纪70年代中期，美英等国就投入巨资研究睡眠控制与调节问题。近年来，英国国防部为了给士兵提神专门发明了一种眼镜装置，其原理是在一副特制的眼镜框上装上光纤。光纤放出的白色强光与日出时的晨曦光谱一样，令士兵提神而又不影响视觉。

这种新发明的眼镜在北约空袭前南斯拉夫期间投入使用，美国的轰炸机飞行员使用此"眼镜"由密苏里的轰炸机基地飞往欧洲，全程36小时都保持了清醒状态。

利用外部电磁波刺激脑电磁波产生嗜睡症是软杀伤武器的一种。目前，美国正在研究通过频率极低的电磁射线，让大脑释放出约束人体行为的化学物质。这种特殊频率的电磁波"能够让大脑释放出其中80%的天然致眠物质"，使敌方士兵昏昏入睡。这一技术的研究已经接近了实用的程度。通过基因控制使执行任务的士兵保持清醒的头脑，这是"睡眠武器"中的基因武器。科学家认为，白雀可以连续飞行数千英里而无需睡眠，关键在于白雀体内存在着"不眠基因",寻找并激活人体内类似白雀的"不眠基因",有可能实现不眠的目标。

药物刺激是最传统的老办法。早在二战中,安非他明这种药品就在美英德日士兵中分发,以消除疲劳、增强忍耐力。不久前,美国一家制药公司秘密研制了一种名为"不夜神"的药品。普通人服用一片"不夜神",能劲头十足地连续工作40小时而不犯困;接下来睡上8个小时,再吃一片,还可连续工作40小时。这一药品已经引起了美国国防部的关注,甚至被秘密列入打造"不眠战士"的计划中。

然而,"睡眠武器"同时也存在不少弊病。美国毒品管制局的官员指出,安非他明是一种危险药物,极易上瘾并可能出现异常兴奋、沮丧、过度紧张等不良反应,而镇静剂也有一定的危险性,包括在药效出现时发生所谓"前行性失忆",士兵可能会忘记自己要执行的任务是什么。尽管让军人服用刺激性药物的弊端很多,但五角大楼从未放弃打造超级战士的想法。美国防部高级研究项目局的科学家指出:"消除人们睡眠的需要这一设想很有吸引力,但它也许过于激进,我们最大的希望就是当士兵的睡眠时间因战争被剥夺时帮助他们更好地克服。"

未来战争的激光武器

激光作为武器,有很多独特的优点。首先,它可以以光速飞行,每秒30万千米,任何武器都没有这样高的速度。它一旦瞄准,几乎不要什么时间就立刻击中目标,用不着考虑提前量。另外,它可以在极小的面积上、在极短的时间里集中超过核武器100万倍的能量,还能很灵活地改变方向,没有任何发射性污染。这和惊天动地的核武器相比,完全是两种风格。

激光武器

激光武器分为3类:①致盲型。②近距离战术型,可用来击落导弹和飞机。③远距离战略型。这类的研制困难最大，但一旦成功，作用也最大，它可以反卫星、反洲际弹道导弹，成为最先进的防御武器。

激光怎样击毁目标呢？科学家们认为有两个方面：一是穿孔，二是层裂。所谓穿孔，就是高功率密度的激光束使靶材表面急剧熔化，进而汽化蒸发，汽化物质向外喷射，反冲力形成冲击波，在靶材上穿一个孔。所谓层裂，就是靶材表面吸收激光能量后，原子被电离，形成等离子体"云"。"云"向外膨胀喷射形成应力波向深处传播。应力波的反射造成靶材被拉断，形成"层裂"破坏。除此以外，等离子体"云"还能辐射紫外线或 X 射线，破坏目标结构和电子元件。

电磁波与未来新型士兵。请设想一下这样的士兵：他们身上配备着电子仪器，身穿完全能抵御化学制剂或细菌制剂侵害的连衣服，头上戴着内部有屏幕的红外线头盔（头盔内屏幕上可以显示士兵所处的实际位置，并能显示出士兵射出的枪弹的轨迹），手臂上端着激光步枪或微波手枪（激光步枪或微波手枪可通过卫星与指挥中建立联系）。今后 20 年内，现在还只出现在科幻电影中的这种可怕的步兵将会出现在战场上。

自冷战结束以来，军事领域在战略战术上发生了深刻的变化，由此将导致出现上述这种新型士兵。特别是在美国、法国、英国和以色列等国家，当然我国也在这方面加大了研究，目前对未来士兵领域转化为 5 个易于使用的模块：服装、装备、通信与信息、武器和能源供给。

对这 5 个模块中子项目的不断改进，提高这些模块间的凝合力，逐渐形成未来士兵作战系统，这套系统旨在显著提高单兵的态势感知能力。服装上采用热屏蔽面料制作而成，不易被敌方发现，带有激光瞄准的武器，微波通讯对讲机等装备，无一不与电磁波相关。

关于面对"未来战争"所使用的可怕武器，人们在几十年以前就已经在着手研制。武器之一是"定向能量"武器。这种武器能发射电磁波或微波，在没有声音、没有烟雾、悄无声息的情况下就能将敌人击倒，而且还能长时间地射击而无需装填，目的是从远距离使敌人失去抵抗力量但又不破坏有关地区的经济，制造垃圾但又不造成环境污染。

知识点

JIEXI SHENMI DIANBO

微波炸弹的工作原理

随着高科技的发展，微波技术已由传统的通信、探测、制导等方面的应用，扩展到杀伤武器领域。微波炸弹就是这方面的最新成果之一。

微波炸弹是通过把微波束转化为电磁能，毁伤对方电子设施和人员的一种新型定向能武器。该武器系统由超高功率发射机、微波辐射器、大型发射天线和其他辅助设备组成。其工作原理是：高功率微波经过天线聚集成一束很窄、很强的电磁波射向对方，依靠这束电磁波产生的高温、电离、辐射等综合效应，在目标内部的电子线路中产生很高的电压和电流，击穿或烧毁其中敏感元器件，毁损电脑中存贮的数据，从而使对方的武器和指挥系统陷于瘫痪，丧失战斗力。

延伸阅读

能发电的细菌

2005年美国科学家发现，在淡水池塘中常见的一种细菌可以用来连续发电。这种细菌不仅能分解有机污染物，而且还能抵抗多种恶劣环境。

美国南卡罗来纳医科大学的查理·密立根在亚特兰大举行的美国微生物学会年会上发表报告说，利用微生物发电的概念并不新奇，目前已有多个研究小组在从事微生物燃料电池开发，但他们的发现有两个与众不同之处：①发电的细菌属于脱硫菌家族，这个家族的细菌在淡水环境中很普遍，而且已被人类用于消除含硫的有机污染物；②在外界环境不利或养分不足时，脱硫菌可以变成孢子态，而孢子能够在高温、强辐射等恶劣环境中生存，一旦环境有利又可以长成正常状态的菌株。

电磁波在医疗上的发展

自 1895 年以来，电磁波在医学上的应用得到了广泛而深入的发展。

X 射线透视机

微型 X 射线透视机

当伦琴发现 X 射线以后，不久就被应用在医学诊断上。因为 X 射线是一种有能量的电磁波或辐射，利用 X 射线的贯穿作用，医学上可以进行 X 射线透视，一般用来检查骨的损伤情况，但在当时 X 射线机的结构非常简单。随着对电磁波的了解，更精确、更安全的诊断仪器在医学上发挥作用，如 CT 和磁共振成像技术。磁共振成像是目前头部和颈部诊断成像的最佳技术，磁共振成像技术是利用物质中原子核的磁矩在恒定磁场作用下对高频电磁场产生的共振吸收现象而得到断层图像的方法。磁共振成像技术与常用的 X 射线透射电脑断层照相术（X－CT）及超声相比，有很大优点：能提高与分子环境有关的弛豫时间（因热量而导致的动态平衡所用的时间）等参数，提高分辨率的三维结构图像，从而得到病变性质的判断依据和血流、代谢过程的一些参数。所以磁共振成像技术正在得到广泛的应用。用肌磁场得到相关的体电流分布，用磁共振谱诊断肿瘤。

磁共振成像技术已是当今医疗中的重要诊断依据，现代医学微波治疗中的微波是指频率从 300 兆赫到 300 吉赫范围内的电磁波。在 20 世纪 30 年代，医务工作者发现了微波的生物效应。

在临床上，微波与生物体的相互作用可以分为两大类，即微波致热效应和非微波致热效应。微波治疗仪所采用的微波热疗是一种非接触加热方式，不存在因电接触造成的热灼伤和电灼伤的可能。近几年，由于各项技术的日臻完善，使得微波治疗无需麻醉，可在门诊完成，具有简便、安全的特点。

微波治疗在国际、国内已经应用多年，其疗效已得到世界医学界的肯定。在手术时以其优越的止血效果，先进的作用原理，微小的组织损伤，而被喻为取代电灼、冷冻、激光的新技术。当

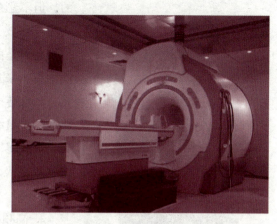

磁共振成像系统

前众多的微波治疗仪是一种利用微波对各种疾病进行治疗的新型医疗仪器。它除具有深层加热的特点外，还具有操作方便、定位准确、安全性高以及造价低。通过配备不同的附件设备，可对多种疾病进行治疗，适用于妇科、泌尿科、肛肠科、耳鼻喉科、外科、皮肤科等科室。

微波治疗的特点是采用高频率局部辐射，在较小的微波功率输出条件下，即可达到预期的治疗效果。微波对人体组织的热效应效率高、穿透力强、具有内外同时产生热的优点。微波在人体组织内产生热量，作用可达 5 ~ 8 厘米，可穿透衣物和石膏等体表覆盖物，直达病灶部位促进血液循环、水肿吸收和新肉芽生长。

医疗史上的高峰——高频电磁波刀

高频电磁波刀，又称 LEEP 刀，它是 1981 年由法国人首次报道、20 世纪 90 年代广泛应用的，它通过圆形电极切除宫颈组织，方形和三角形电极切除宫颈管组织。

LEEP 手术的另一个提法为"大环状宫颈移行带切除术"。

1. 高频电磁波刀的原理

高频电磁波刀是采用高频无线电波通过金属丝由电极尖端产生 3.8 兆赫的超高频电磁波（微波），在接触身体组织的瞬间，由组织本身产生阻抗，吸收电磁波产生高热，使细胞内水分形成蒸气波来完成各种切割、止血等手术目

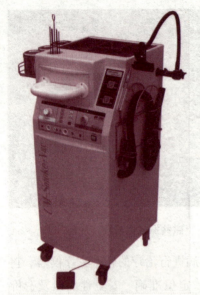

高频电磁波刀

的，但不影响切口边缘组织的病理学检查。高频电磁波刀与传统电刀的原理是不同的：传统电刀是由电极本身阻抗，因电流通过而产生高热来达到手术目的，输出频率是0.3兆～1兆赫，而高频电磁波刀射频转化的热能产生于组织内部，由射频产生正弦波使细胞内水分震荡，产热蒸发，发射极所接触的细胞破裂从而使组织分开，而射频发射极本身不发热。

2. 高频电磁波刀的优点

（1）高频电磁波刀是由多种电极组成的，包括环形、球形、针形、三角形、方形等；

（2）包括射频技术所有的功能：切割、凝血、消融、蒸发、清除、收缩、电灼（包括激光和电刀的所有功能，且没有它们的不良反应）；

（3）手术精确，可以达到传统电刀达不到的非常精细的手术效果；

（4）微创：无压力切割，组织损伤小（损伤深度小于20微米，很少有纤维形成，术后很少发生瘢痕）；

（5）不发生传统电刀所造成的组织拉扯、炭化的现象，约2/3的病人可以得到不影响病理检查的组织标本；

（6）痛苦小，不用麻醉或仅用局部浸润麻醉，并发症少（出血和感染少）；

（7）安全：不需要负极和地线，无触电及烧灼的危险；

（8）对手术室无特殊的要求，可在门诊进行；

（9）据临床观察，高频电磁波刀的治疗对有生育要求的妇女没有影响；

（10）医生可根据宫颈疾病的个体情况决定施行电环切或电锥切，达到个体化的治疗效果。

知识点

磁共振成像的原理

　　磁共振成像（简称 NMRI），又称自旋成像，也称核磁共振成像。台湾称磁振造影，香港称磁力共振成像。

　　核磁共振成像的"核"指的是氢原子核，因为人体约70%是由水组成的，MRI 即依赖水中氢原子。原子核在进动中，吸收与原子核进动频率相同的射频脉冲，即外加交变磁场的频率等于拉莫频率，原子核就发生共振吸收，去掉射频脉冲之后，原子核磁矩又把所吸收的能量中的一部分以电磁波的形式发射出来，称为共振发射。共振吸收和共振发射的过程叫做"核磁共振"。

　　当把物体放置在磁场中，用适当的电磁波照射它，以改变氢原子的旋转排列方向，使之共振，然后分析它释放的电磁波，由于不同的组织会产生不同的电磁波讯号，经电脑处理，就可以得知构成这一物体的原子核的位置和种类，据此可以绘制成物体内部的精确立体图像。

延伸阅读

超声波清洗机

　　超声波是指任何声波或振动，其频率超过人类耳朵可以听到的最高阈值20千赫。超声波由于其高频特性而被广泛应用于众多领域，比如金属探伤、工件清洗等。

　　超声波清洗机，可用于清洁用途，是目前清洗效果最佳的方式，一般认为

是这利用了超声在液体中的"空穴现象"。超声波清洗机的清洁原理，在于利用超声波振动清水，使微细的真空气泡在水里产生，当真空气泡爆破时释放了储存在气泡里面的能量，释放温度约 5 000℃度以及超过很高的压力将物件表面的油脂或污垢带走。清洗机所产生的超声波的频率约为 20～50 千赫，可应用于珠宝、镜片或其他光学仪器、牙医用具、外科手术用具及工业零件的清洁。

电磁波与人类健康

DIANCIBO YU RENLEI JIANKANG

　　只要有电，就会产生电磁波。当电磁波频率渐渐提高时，电磁波就会外溢到导体之外，不需要介质也就是通过空气就能向外传递能量，这就是一种辐射。当高能量电磁波把能量传给其他物质时，有可能撞出该物质原子、分子的电子，使物质内充满带电离子，这种效应称为"游离化"，而造成这种游离化现象的电磁波就称为游离辐射，这种游离化的电磁辐射就是电磁波伤害人类的原因。

　　电磁波看不见、摸不着、闻不到，却无处不有、无处不在。自然界的雷电、地震、火山喷发，生活中的家用电器，如空调器、电脑、电视机等，均产生较强的电磁波，严重影响了人们的身体健康。电磁波的频率如果超过 10^5 赫兹，就能穿透人体，导致功能紊乱。轻者出现头晕乏力、失眠、食欲不振、烦躁不安、血压改变、白细胞减少等症状；重者可引起视力下降、白内障、基因缺陷甚至诱发癌病。

　　为了减少电磁波的环境污染，我们应该学习电磁辐射的相关知识，保护家人，保护自己。正确地使用日常生活中的电器，减少辐射对人体的危害有着十分重要的意义。

电磁辐射的危害

　　电磁波辐射就是将电场与磁场，二者互相作用，所形成的波动，以辐射方式传送到远方。电磁波对人体所产生的生物反应和频率、波长、功率、距离有关，经由"直接穿透"和"高温"两种作用使细胞产生质变。假如功率和发射的距离相同，电磁波的频率愈低，对组织的穿透力就愈强，因此，高频的移动电话电磁波穿透力虽较低频的医疗用器具波弱，但是也会对人体有产生高温的效应。

　　简单地说即是：电场和磁场交互变化时产生电磁波，电磁波向周围发射或泄漏的现象叫电磁辐射。过量的电磁辐射就造成了电磁污染。一般来说，雷达系统、电视和广播发射系统、射频及微波医疗设备、各种电加工设备、通信发射台站、卫星地球通信站、大型电力发电站、输变电设备、高压及超高压输电线、地铁列车及电气火车以及大多数家用电器等都可产生各种形式、不同频率、不同强度的电磁辐射。可见，电磁辐射是无处不在。科学家们称电磁波为"幽灵电磁波"，不仅仅因为它看不见、闻不到、摸不着，更主要的是它危害范围广而且日趋严重。

　　电磁波辐射能量较低，不会使物质发生游离现象，也不会直接破坏环境物质，但在到处充满电子通讯用品器材的现代生活，其电磁干扰特性却不可掉以轻心，因为它随时可能使人面临危害的境地。

　　电磁波会散发出一种扰乱人体状态的正离子。经实验研究和观察结果表明，电磁辐射对健康的危害是多方面的、复杂的，主要危害表现如下：

　　1. 对中枢神经系统的危害。神经系统对电磁辐射的作用很敏感，受其低强度反复作用后，中枢神经系统功能发生改变，出现神经衰弱症候群，主要表现有头痛，头晕，乏力，记忆力减退，睡眠障碍（失眠、多梦或嗜睡），白天打瞌睡，易激动，多汗，心悸，胸闷，脱发等，尤其是入睡困难、无力、多汗和记忆力减退更为突出。这些均说明大脑是抑制过程占优势。所以受害者除有上述症状外，还表现有短时间记忆力减退，视觉运动反应时间明显延长；手脑协调动作差，表现对数字记忆速度减慢，出现错误较多。

2. 对机体免疫功能的危害。使身体抵抗力下降，动物实验和对人群受辐射作用的研究和调查表明，人体的白细胞吞噬细菌的百分率和吞噬的细菌数均下降。此外受电磁辐射长期作用的人，其抗体形成受到明显抑制。

3. 对心血管系统的影响。受电磁辐射作用的人，常发生血液动力学失调，血管通透性和张力降低。由于自主神经调节功能受到影响，人们多以心动过缓症状出现，少数呈现心动过速。受害者出现血压波动，开始升高，后又回复至正常，最后出现血压偏低；心电图出现 RT 段的电压下降，这是迷走神经的过敏反应，也是心肌营养障碍的结果；PQ 间期延长，P 波加宽，说明房室传导不良。此外，长期受电磁辐射作用的人，其心血管系统的疾病，会更早更易促使其发生和发展。

4. 对血液系统的影响。在电磁辐射的作用下，周围血象可出现白细胞不稳定，主要是下降倾向，白细胞减少，红细胞的生成受到抑制，出现网状红细胞减少。对操纵雷达的人健康调查结果表明，多数人出现白细胞降低。此外，当无线电磁波和放射线同时作用人体时，对血液系统的作用较单一因素作用可产生更明显的伤害。

5. 对生殖系统和遗传的影响。长期接触超短波发生器的人，可出现男人性功能下降、阳痿；女人出现月经周期紊乱。由于睾丸的血液循环不良，对电磁辐射非常敏感，精子生成受到抑制而影响生育；使卵细胞出现变性，破坏了排卵过程，而使女性失去生育能力。高强度的电磁辐射可以产生遗传效应，使睾丸染色体出现畸变和有丝分裂异常。妊娠妇女在早期或在妊娠前，接受了短波透热疗法，结果使其后代出现先天性出生缺陷（畸形婴儿）。

6. 对视觉系统的影响。眼组织含有大量的水分，易吸收电磁辐射功率，而且眼的血流量少，故在电磁辐射作用下，眼球的温度易升高。温度升高是造成产生白内障的主要条件，温度上升导致眼晶状体蛋白质凝固，多数学者认为，较低强度的微波长期作用，可以加速晶状体的衰老和混浊，并有可能使有色视野缩小和暗适应时间延长，造成某些视觉障碍。此外，长期低强度电磁辐射的作用，可促使视觉疲劳，眼感到不舒适和眼感干燥等现象。

7. 电磁辐射的致癌作用。大部分实验动物经微波作用后，可以使癌的发

生率上升，一些微波生物学家的实验表明，电磁辐射会促使人体内的微粒细胞染色体（遗传基因）发生突变和有丝分裂异常，而使某些组织出现病理性增生过程，使正常细胞变为癌细胞。美国驻国外一大使馆人员长期受到微波窃听所发射的电磁辐射的作用，造成大使馆人员白细胞数上升，癌发生率较正常人为高。又如受高功率远程微波雷达影响下的地区，经调查，当地癌患者激增。微波对人体组织的致热效应，不仅可以用来进行理疗，还可以用来治疗癌症，使癌组织中心温度上升，而破坏了癌细胞的增生。

除上述的电磁辐射对健康的危害外，它还对内分泌系统、听觉、物质代谢、组织器官的形态改变，均可产生不良影响。

 知识点

心电图的工作原理

心电图指的是心脏在每个心动周期中，由起搏点、心房、心室相继兴奋，伴随着心电图生物电的变化，通过心电描记器从体表引出多种形式的电位变化的图形（简称ECG）。

ECG的工作原理：在每次心跳心肌细胞去极化的时候会在皮肤表面引起很小的电学改变，这个小变化被心电图记录装置捕捉并放大即可描绘心电图。在心肌细胞处于静息状态时，心肌细胞膜两侧存在由正负离子浓度差形成的电势差，去极化即心肌细胞电势差迅速向0变化，并引起心肌细胞收缩的过程。在健康心脏的一个心动周期中，由窦房结细胞产生的去极化波有序地依次在心脏中传播，先传播到整个心房，经过"内在传导通路"传播至心室。如果在心脏的任意两面放置2个电极，那么在这个过程中就可以记录到两个电极间微小的电压变化，并可以在心电图纸或者监视器上显示出波形来。心电图可以反应整个心脏跳动的节律，以及心肌薄弱的部分。

人体系统

人体按现代解剖学可以分为以下系统，分别是：

皮肤系统：由皮肤、毛发、指甲/趾甲、汗腺及皮脂腺所组成，覆盖体表的器官。

神经系统：由脑、脊髓以及与之相连并遍布全身的周围神经所组成。其可分为中枢神经系统，包括脑和脊髓；以及周围神经系统。其中不受人体主观意志控制之部分称为自主神经系统（旧称植物神经系统）。

运动系统：又分为肌肉系统与骨骼系统，由骨、关节和骨骼肌组成，构成坚硬骨支架，赋予人体基本形态。骨骼支持体重、保护内脏。骨骼肌附着于骨，在神经系统支配下，以关节为支点产生运动。

呼吸系统：由鼻、喉、气管及肺组成。主要为人体气体交换之所。

循环系统：分为心血管系统与淋巴系统，负责体内物质运输功能。

消化系统：由口腔、咽、食管、胃、小肠、大肠、肛管、肝、胆、胰等组成。其主要为消化食物，吸收营养，排出消化吸收后的食物残渣，其中咽与口腔还参与呼吸和语言活动。

泌尿系统：由肾脏、输尿管、膀胱及尿道所组成，主要负责排除机体内溶于水的代谢产物。

生殖系统：由内生殖器与外生殖器组成。其中男性生殖系统由生殖腺/睾丸、管道（附睾、输精管、射精管）、附属腺体（精囊、前列腺、尿道球腺）、阴囊、阴茎组成；女性生殖系统由生殖腺/卵巢、输送管道（输卵管、子宫、阴道）、女阴（阴阜、大阴唇、小阴唇、阴道前庭、阴蒂、前庭球、前庭大腺）组成。具有繁衍之功能。

内分泌系统：由身体不同部位和不同构造的内分泌腺和内分泌组织构成，其对机体的新陈代谢、生长发育和生殖活动等进行体液调节。

免疫系统：抵抗疾病，构成分子有白细胞、抗体、T细胞等。

不可忽视的电磁污染

最近，随着无线电技术在工业、农业和医疗等各个方面应用范围的不断扩大，电磁辐射对人体生理的影响问题，也就理所当然地受到了人们的注意。

观察和实验发现，人体对于不同波长的电磁波，反应是不同的。那些频率比较低的电磁波，几乎能全部透入人体的组织，而频率很高的微波，则能把它的大部分能量在表面变成热。为什么微波会在人体上引起这种"热效应"呢？

原来在微波辐射之下，人体组织内部的分子，受到频率很高的电磁场交替变化的作用，也发生了相应的振动。正是这种振动，在克服黏滞和阻碍的过程中，把电磁能量变成了热。实验还有趣地发现，水分子的高速振动会吸收较多的能量。由于这个缘故，那些水分较多的组织，在微波照射下，会升到较高的温度。

如果微波辐射的强度不很大，机体温度的升高，有利于加速血液的流动，促使微血管的扩张，加强新陈代谢，改善局部营养，使组织的愈伤、再生能力得到提高。所以小功率的微波辐射，能产生良好的效果，对于止血、镇痛、平复痉挛、消退炎症有帮助，可以用来治疗疖、痈、挫伤、肌炎以至神经炎、关节炎、风湿病、麻痹症之类的毛病。

可是对于大剂量的微波辐射却得注意，因为那会造成明显的损害。譬如拿眼组织来说，那是一个富有水分的地方，如果用 3 厘米波长的微波，以 280 毫瓦/厘米^2 的功率连续照射 3 分钟，水晶体的温度就会上升到 47℃。倘若时间持续到 5 分钟，那就会引起水晶体的混浊。高强度的微波辐射，还会对血液系统和循环系统造成障碍，使白细胞、红细胞减少，凝血时间缩短，胃肠黏膜充血，胃内温度上升，出现恶心和食欲减退。倘若长时间地、不间断地让大功率微波照射脑部和耳部，会引起条件反射受抑制，并且昏昏欲睡。

这种电磁辐射对于人体所产生的有害影响，叫做电磁污染。对于这种污染的看法是一个现在正在争议中的问题。

意大利的《时代》杂志，曾经刊登过一篇文章，叫做《每天都在向我们进攻的看不见的敌人：电磁污染》。其中说到："看来，水和空气被化学品和废弃物污染并不是危害人的心理和物理平衡的唯一因素，而人为地造成的电磁波以越来越大、越来越不可控制的规模充斥在我们周围的空间。"

文章还提出了"人类这一活动的后果是什么"的问题，并且介绍了米兰医学院路易吉·泽卡博士的看法。他认为电磁辐射破坏了我们生活环境的化学特性和物理特性相平衡时所形成的自然电荷，并且已经观察到在实验造成的高压线环境中，"蜜蜂改变了它们通常的生活习惯"。泽卡还说，"我们轻易地整天穿着合成纤维做的服装和袜子，它们会使我们聚集静电"，并把"赤脚行走一段时间"和"洗海水澡后会感到舒服"的原因，说是"一方面由于赤脚行走的自在"，同时也因为"盐水对释放所有这些电荷是有利的"。

2011 年，美国《新闻周刊》也发表了一篇题为《厉害的电磁波》的文章，说了这样的话："城市里新建的电视发射台，农村中伸展的输电线，为指挥空中交通而增设的雷达站，革新的消费品如微波炉灶和民用无线电等，美国生活中应用的电技术正在激增。这些装置，每一样都带来明显的好处，但是也产生一种看不见的而且可能是暗中为害的污染，即电磁辐射。许多专家认为，大气中的这种'电烟雾'的密集程度，还弱得很，远远不足以对人类造成严重影响。但是，最近有一批大叫大嚷的科学家和主张环境保护的人却指责说，反复的低剂量的射频和微波辐射，可以造成种种障碍……"

"关于接触射频和微波辐射的官方安全标准在 1957 年规定是每平方厘米 10 毫瓦，这是已知的造成损害的最低程度的 1/10。即使是今天，也没有什么人受到接近于那个剂量的辐射。"据环境保护局的调查报告说，98% 以上人口接触的辐射还不到安全标准剂量的 1/10 000。

"然而，提出批评的人认为……俄罗斯和东欧的科学家报告说，很低的辐射剂量可以造成头痛、烦躁，以及记忆力和食欲减退。"

在这篇文章里，还提到了"1976 年关于俄国人用微波射束对准美国驻莫斯科大使馆"的事。这是一件据说是关于利用微波进行侦察的活动。

美国电磁波实验激起众怒

美国试图人为制造地震、海啸、雪崩等自然灾害，利用高频无线电磁波对地球近地环境进行大规模试验。此举将严重威胁世界和平，极大影响地球的大气层、电离层和磁层，对人类生存构成潜在的巨大危险。俄罗斯国家杜马国防委员会和国际事务委员会日前起草了一份致俄总理普京和国际组织的信，呼吁俄政府和国际社会反对美国用高频无线电磁波对地球近地环境进行大规模试验，因为美国此举目的是为了制造威力巨大的"地球物理武器"，这不但对世界和平构成威胁，同时还将对地球的大气层、电离层和磁层产生不可估量的影响，人为地破坏近地环境，对整个人类的生存构成潜在的巨大危险。

"地球物理武器"威力惊人

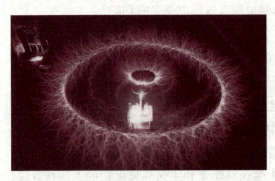

地球物理武器试验

"地球物理武器"是运用现代科技手段，人为地制造地震、海啸、暴雨、山洪、雪崩等自然灾害，以实现军事目的的一系列武器的总称。早在公元前300年，人类据说就开始利用"地球物理武器"。当时，罗马帝国的舰队包围了叙拉古，阿基米德让市内的所有妇女都带上一面小镜子到码头上。在他的指挥下，妇女们用镜子把阳光反射到距离最近的一艘军舰上，军舰立即起火。

在第二次世界大战中，美军和德军也都曾利用"地球物理武器"促使气候发生变化，从而达到己方的军事目的。例如，德国曾用人工造雾的方式掩护其军事目标，以免遭到盟军的轰炸。

随着战后军事科学和气象科学的飞速发展，利用人造自然灾害的"地球物理武器"技术已经得到很大提高，如在一系列断层地带采用核爆炸方式诱发地震、山崩、海啸等灾难，以破坏敌方的军事基地或战略设施；向敌方某一地区播撒化学品，以阻止地球表面热量散发，使该地区变成酷暑难耐的沙漠。

美国试验计划破坏性极大

俄罗斯《议会报》7月25日指出，美军对近地环境进行大规模试验，其

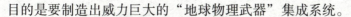

目的是要制造出威力巨大的"地球物理武器"集成系统。

与以前的"地球物理武器"有限的性能和作用相比，美国现在要研制的"地球物理武器"集成系统威力惊人，破坏性极大。该系统的特点在于，地球大气层、电离层和磁层既是直接作用的对象，又是这个系统的组成部分。它不仅能够干扰无线电通信和无线电定位装置，造成对手的航天器、导弹、飞机以及地面控制系统和电子装置瘫痪，而且将会直接使对方的输电网络、石油和天然气管道等设施遭到巨大破坏。

根据美国研制"地球物理武器"的计划，在 2003 年初，美国将通过在阿拉斯加半岛设立的强大装置实施高频活动极光研究计划。此外，美国还计划于近几年内在格陵兰岛建立新的装置，其功率将比阿拉斯加半岛装置的功率高出两倍。在该装置交付使用后，位于斯堪的纳维亚半岛、阿拉斯加半岛和格陵兰岛的 3 个装置将组成一个回路，互相作用，大大提高对近地环境的影响力。

为了避免引起国际社会对这一计划的担心和指责，美方解释说，他们正在进行的高频活动极光研究计划是用于科研目的，旨在寻找改善无线电通讯的途径。

俄罗斯科学家坚决反对

然而，这一切都瞒不过俄罗斯科学家的眼睛，他们对美国所进行的上述试验和开发新的"地球物理武器"持坚决反对的态度。俄罗斯科学家指出，美国方面企图开发的"地球物理武器"是人类社会"不能要的第三个千年的武器"，必将引起新一轮军备竞赛，并进而破坏国际战略稳定。

更糟糕的是，这一试验将对人类生存的环境造成无可挽回的影响。俄罗斯科学家指出，在对近地环境进行大规模试验的过程中，地球的大气层、电离层和磁层受到高频无线电磁波有针对性的强大影响，致使近地环境平衡状况遭到破坏，电离层被加热并人为地制造出等离子体。这有可能对地球物理、地质和生物造成全球规模破坏性巨变，其中有些巨变是不可逆转的。

为此，俄罗斯国家杜马发出呼吁，国际社会应当团结起来，坚决反对美国对大气层、离子层和磁层进行大规模试验，因为它们是地球免遭太空因素致命影响的"自然盾牌"。

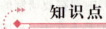
知识点

地球物理武器

　　广义的地球物理武器是指以地球物理场作为打击和消灭敌人的武器。地球物理武器与现代战争中使用的武器（如飞机、大炮、原子弹和氢弹等）不同，是以通过干扰或改变存在于我们周围的各种地球物理场（如电磁场、地震波场、重力场等），来达到瓦解和消灭对方有生力量的一种非常规武器。包括堵塞、干扰和破坏敌方通讯；改变战区的气候和生态环境；摧毁对方的飞机、军舰、潜艇、导弹、卫星；甚至诱发地震、海啸、暴雨、山洪、山崩等各种自然灾害，以实现军事目的的一系列武器的总称。

　　地球武器有很多种类：如海洋环境武器、化学雨武器、海啸风暴武器、人工海幕武器、吸氧致命武器、寒冷武器、高温武器等。实际上，地球物理武器早就运用于实战，只是并未引起人们太多的注意。

延伸阅读

光害的种类

　　光害，亦称光污染，由很多问题汇聚而成的，大部分均来自低效率、令人烦厌及非必要的人造光源。而主要的光害种类可以分为光害骚扰、眩光、杂乱及天空辉光四种。

光害骚扰

　　光害骚扰是指不必要的光线进入了个人的空间，如自己房居的照明光线过于耀目，影响到邻居，使其感到不适。这并不是笑话，照明系统的强光照向邻居的家里，阻碍其睡觉是常见的光害骚扰之一。

眩光

眩光是直接观看照明系统核心而产生的短暂目眩现象。街灯的光线直入行人及司机的眼睛里能够造成长达一小时的目眩，这可能会酿成意外。此外，眩光会使人们分辨光度强弱的能力降低，在短时间内难以回复。

杂乱

杂乱是指光线过多所造成的现象。多种不同光线组合起来可能会造成混淆，使人们留意不到障碍物，从而酿成意外。杂乱情况在街灯设计错乱的马路上尤其常见，要么光度不足，要么光度太强，要么光线颜色不同，这会使司机的视觉被其分散，并易酿成意外。

天空辉光

天空辉光是指人口稠密地区所能看到的辉光效果。这是由各大厦互相反射其他大厦的光线，并再由附近大气反射至天空所造成的效果。这个反射与该光线的波长有密切的关系。在日照时使天空变为蔚蓝色的瑞利散射现象在这里亦可以适用于这些互相反射的光线，结果人们在夜里亦可看到天空呈现深蓝色。这会减低了天空与星星的对比度，使得观察星星的光线变得困难，所以星星便像是从天空消失了。

如何预防电磁辐射

人类本身就生活在一个巨大的电磁场里，专家指出，虽然电磁辐射无处不在，只要进行适当的屏蔽防护，就可以大大降低辐射危害，完全没有必要过分担忧。

1. 多了解有关电磁辐射的常识，加强安全防范意识，采取防范措施。如应严格按电器说明书规范操作，保持安全操作距离等。

2. 不要把家用电器摆放得过于集中或经常一起使用，以免使自己暴露在超剂量辐射的危险之中。特别是电视、电脑、冰箱等电器更不宜集中摆放在卧室里。

3. 各种家用电器、办公设备、移动电话等都应尽量避免长时间使用。如电视、电脑等电器需要较长时间使用时，应注意至少每1小时离开一次，采用

看电视最好能距离3米以上

眺望远方或闭上眼睛的方式，以减少眼睛的疲劳程度和所受辐射影响。

4. 当电器暂停使用时最好不要让它们经常处于待机状态，因为此时仍可产生较微弱的电磁场，长时间也会产生辐射积累。

5. 对各种电器的使用应保持一定的安全距离。如眼睛离电视荧光屏的距离一般应为荧光屏宽度的5倍左右；微波炉在开启之后要离开至少1米远，孕妇和小孩应尽量远离微波炉；手机在使用时应尽量使头部与手机天线的距离远一些，最好使用分离耳机和话筒接听电话。

6. 如果长期置身于超剂量电磁辐射环境中，应注意采取以下自我保护措施：①电视、电脑等有显示屏的电器设备可安装电磁辐射保护屏，使用者还可配戴防辐射眼镜，以防止屏幕辐射出的电磁波直接作用于人体。②手机接通瞬间释放的电磁辐射最大，为此最好在手机响过一两秒后或电话两次铃声间歇中接听电话。③电视、电脑等电器的屏幕产生的辐射会导致人体皮肤干燥缺水，加速皮肤老化，严重的甚至会导致皮肤癌，所以在使用完上述电器后应及时洗脸。④多食用一些胡萝卜、豆芽、西红柿、油菜、海带、卷心菜、瘦肉、动物肝脏等富含维生素A、维生素C和蛋白质的食物，以利于调节人体电磁场紊乱状态，加强机体抵抗电磁辐射的能力。

多吃胡萝卜、西红柿可增强机体抵抗电磁辐射的能力

知识点

判定电磁辐射是否对居住环境造成污染的标准

　　一般的说，判定电磁辐射是否对居住环境造成污染，应从电磁波辐射强度、高度、主要辐射方位与辐射源的距离、持续时间等几方面综合考虑，当达到一定程度时才会对人产生直接危害。设置在城市内高层建筑上的通讯基站天线，如果发射功率适当，架设高度、主射方向合理，从目前科学认识水平看，不会对周围环境造成直接影响。

　　所以，加强电磁防护的同时，对电磁波污染也应采取客观分析、科学对待的态度，切不可人云亦云，不负责任地盲目夸大，造成人们认识的混乱。当然，随着科学技术水平的发展，人们对电磁波污染及其危害的认识会逐渐深入，许多谜底终将被人类揭示。

延伸阅读

噪声污染对动物的影响

　　噪声污染是指人类在工业生产、建筑施工、交通运输和社会生活等活动中，产生的噪声干扰周围人类和动物生活环境。

　　目前世界上环境噪声最主要的来源是交通噪声，包括汽车、飞机和火车产生的噪声，如果城市规划不好，将工业区规划接近生活区，工业噪声也是一种主要污染，此外像建筑施工机械，娱乐扩音设施，甚至一些办公设备，人们大声喧哗吵闹，都是噪声污染源。

　　噪声对动物有很大的影响，降低动物听力，妨碍动物之间用声音进行交流，尤其是它们之间的定向和求偶，影响捕食者和被捕食动物之间的自然信息

沟通，因此破坏了生态平衡。

噪声还导致动物的栖息地范围缩小，使濒危动物加快灭绝。海军使用的声呐导致有的鲸类迷失方向，冲向海滩自杀。

噪声还迫使动物之间交流需放大音量，科学家研究发现，当附近有潜艇发出声呐时，鲸发出的声音时间更长。如果有的种类动物发出的声音不可能更强，在人类发出的噪声遮盖下不容易被听到，这种声音也许是对同伴警惕捕食者的警告。如果有的种类可以更强地发出声音，迫使其他种类不得不也更强地发出声音，最终会导致生态失衡。

生活在城市环境中的欧洲野兔，在白天噪声污染重的区域，夜晚会发出更强的叫声，白天噪声越重，夜晚它们发出的叫声越强，而和当地的光污染强度无关。

斑胸草雀在交通噪声越强的环境下，对它们的配偶越不忠实，可能是为了增加基因的变异性，以便种群更好地适应环境。

离手机远一些

当人们使用手机时，手机会向发射基站传送无线电磁波，而无线电磁波或多或少地会被人体吸收，这些电磁波就是手机辐射。一般来说，手机待机时辐射较小，通话时辐射大一些，而在手机号码已经拨出但尚未接通时，辐射最大，辐射量是待机时的 3 倍左右。这些辐射有可能改变人体组织，对人体健康造成不利影响。

手机别放枕头边

据中国室内装饰协会室内环境监测工作委员会的赵玉峰教授介绍，手机辐射对人的头部危害较大，它会对人的中枢神经系统造成功能性障碍，引起头痛、头昏、失眠、多梦和脱发等症状，有的人面部还会有刺激感。在美国和日本，已有不少怀疑因手机辐射而导致脑瘤的案例。2008 年 7 月，美国马里兰州一名患脑癌的男子认为使用手机使他患上了癌症，于是对手机制造商提起了诉讼。欧洲防癌杂志所发表的一篇研究报告也指出，长期使用手机的人患脑瘤的机会比不用的人高出 30%。使用手机超过 10 年的人患脑瘤的几率比不使用手机的人高出 80%。因此，人们在接电话时最好先把手机拿到离身体较远的距离接通，然后再放到耳边通话。此外，尽量不要用手机聊天，睡觉时也注意不要把手机放在枕头边。

手机影响儿童健康

莫把手机挂胸前

许多女孩子喜欢把手机挂在胸前，但是研究表明，手机挂在胸前，会对心脏和内分泌系统产生一定影响。即使在辐射较小的待机状态下，手机周围的电磁波辐射也会对人体造成伤害。心脏功能不全、心律不齐的人尤其要注意不能把手机挂在胸前。有专家认为，电磁辐射还会影响内分泌功能，导致女性月经失调。另外，电磁波辐射还会影响正常的细胞代谢，造成体内钾、钙、钠等金属离子紊乱。

手机中一般装有屏蔽设备，可减少辐射对人体的伤害，含铝、铅等重金属的屏蔽设备防护效果较好。但女性为了美观，往往会选择小巧的手机，这种手机的防护功能有可能不够完善，因此，在还没有出现既小巧，防护功能又强的手机之前，女性朋友最好不要把手机挂在胸前。

挂在腰部影响生育

据英国《泰晤士报》报道，匈牙利科学家发现，经常携带和使用手机的男性的精子数目可减少多达 30%。有医学专家指出，手机若常挂在人体的腰部或腹部旁，其收发信号时产生的电磁波将辐射到人体内的精子或卵子，这可能会影响使用者的生育功能。英国的实验报告指出，老鼠被手机微波辐射 5 分钟，就会产生 DNA 病变；人类的精子、卵子长时间受到手机微波辐射，也有可能产生 DNA 病变。

专家建议手机使用者尽量让手机远离腰、腹部，不要将手机挂在腰上或放在大衣口袋里。有些男性把手机塞在裤子口袋内，这对精子威胁最大，因为裤子的口袋就在睾丸旁边。当使用者在办公室、家中或车上时，最好把手机摆在一边。外出时可以把手机放在皮包里，这样离身体较远。使用耳机来接听手机也能有效减少手机辐射的影响。

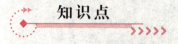

知识点

手机辐射

当人们使用手机时，手机会向发射基站传送无线电磁波，而任何一种无线电磁波或多或少地被人体吸收，从而改变人体组织，有可能对人体的健康带来影响，这些电磁波就被称为手机辐射。

手机辐射靠SAR值来衡量。SAR代表生物体（包括人体）每千克体重容许吸收的辐射量，这个SAR值代表辐射对人体的影响，是最直接的测试值，SAR有针对全身的、局部的、四肢的数据。SAR值越低，辐射被吸收的量越少。其中针对脑部部位的SAR标准值必须低于1.67瓦特，才算安全。但是，这并不表示SAR等级与手机用户的健康直接有关。手机对人体健康到底有什么损害，截至2009年，全球科技界对此尚无定论。

延伸阅读

DNA 亲子鉴定

亲子鉴定就是利用医学、生物学和遗传学的理论和技术，从子代和亲代的形态构造或生理功能方面的相似特点，分析遗传特征，判断父母与子女之间是否是亲生关系。

亲子鉴定在中国古代就已有传说，如滴骨验亲、滴血验亲等。这两种方法都不科学。目前用得最多的是DNA分型鉴定。人的血液、毛发、唾液、口腔细胞等都可以用于亲子鉴定，十分方便。

一个人有 23 对（46 条）染色体，同一对染色体同一位置上的一对基因称为等位基因，一般一个来自父亲，一个来自母亲。如果检测到某个 DNA 位点的等位基因，一个与母亲相同，另一个就应与父亲相同，否则就存在疑问了。

利用 DNA 进行亲子鉴定，只要对十几至几十个 DNA 位点作检测，如果全部一样，就可以确定亲子关系；如果有 3 个以上的位点不同，则可排除亲子关系，有一两个位点不同，则应考虑基因突变的可能，加做一些位点的检测进行辨别。DNA 亲子鉴定，否定亲子关系的准确率几近 100%，肯定亲子关系的准确率可达到 99.99%。

如何预防电脑辐射

俗话说：金无足赤。电脑，作为一种现代高科技的产物和电器设备，在给人们的生活带来更多便利、高效与欢乐的同时，也存在着一些有害于人类健康的不利因素。电脑对人类健康的隐患，从辐射类型来看，主要包括电脑在工作时产生和发出的电磁辐射（各种电磁射线和电磁波等）、声（噪声）、光（紫外线、红外线辐射以及可见光等）等多种辐射"污染"。

从辐射根源来看，它们包括 CRT 显示器辐射源、机箱辐射源以及音箱、打印机、复印机等周边设备辐射源。其中 CRT（阴极射线管）显示器的成像原理，决定了它在使用过程中难以完全消除有害辐射。因为它在工作时，其内部的高频电子枪、偏转线圈、高压包以及周边电路，会产生诸如电离辐射（低能 X 射

电脑辐射引起视觉疲劳

线）、非电离辐射（低频、高频辐射）、静电电场、光辐射（包括紫外线、红外线辐射和可见光等）等多种射线及电磁波。而液晶显示器则是利用液晶的物理特性，其工作原理与 CRT 显示器完全不同，天生就是无辐射（可忽略不

计）、环保的"健康"型显示器；机箱内部的各种部件，包括高频率、功耗大的 CPU，带有内部集成大量晶体管的主芯片的各个板卡，带有高速直流伺服电机的光驱、软驱和硬盘，若干个散热风扇以及电源内部的变压器等等，工作时则会发出低频电磁波等辐射和噪声干扰。另外，外置音箱、复印机等周边设备辐射源也是一个不容忽视的"源头"。

从危害程度来看，无疑以电磁辐射的危害最大。此外，电磁辐射也对信息安全造成隐患，利用专门的信号接收设备即可将其接收破译，导致信息泄密而造成不必要的损失。过量的电磁辐射还会干扰周围其他电子设备，影响其正常运作而发生电磁兼容性（EMC）问题。

因此，电磁辐射已被世界卫生组织列为继水源、大气、噪声之后的第四大环境污染源，成为危害人类健康的隐形"杀手"，防护电磁辐射已成当务之急。

对于电脑的电磁辐射的危害，目前可采取主动防护和被动防护两种方法。

下面介绍的是主动防护法。

坐正身姿双眼平视利于保护眼睛

1. 面部的衰老最明显的地方就是眼睛，所以说眼睛的呵护尤为重要。避免长时间连续操作电脑，注意中间休息。电脑的摆放位置很重要。尽量别让屏幕的背面朝着有人的地方，因为电脑辐射最强的是背面，其次为左右两侧，屏幕的正面反而辐射最弱。要保持一个最适当的姿势，眼睛与屏幕的距离应在 40～50 厘米，使双眼平视或轻度向下注视荧光屏。

2. 注意室内通风：科学研究证实，电脑的荧屏能产生一种叫溴化二苯并呋喃的致癌物质。所以，放置电脑的房间最好能安装换气扇，倘若没有，上网时尤其要注意通风。

3. 电脑室内光线要适宜，不可过亮或过暗，避免光线直接照射在荧光屏上而产生干扰光线。工作室要保持通风干爽。

4. 电脑的荧光屏上要使用滤色镜，以减轻视疲劳。最好使用玻璃或高质量的塑料滤光器。

5. 安装防护装置，削弱电磁辐射的强度。

6. 注意保持皮肤清洁。电脑荧光屏表面存在着大量静电，其集聚的灰尘可转射到脸部和手部皮肤裸露处，时间久了，易发生斑疹、色素沉着，严重者甚至会引起皮肤病变等。

多通风、注意卫生可减少电磁辐射

7. 注意补充营养。电脑操作者在荧光屏前工作时间过长，视网膜上的视紫红质会被消耗掉，而视紫红质主要由维生素A合成。因此，电脑操作者应多吃些胡萝卜、白菜、豆芽、豆腐、红枣、橘子以及牛奶、鸡蛋、动物肝脏、瘦肉等食物，以补充人体内维生素A和蛋白质。而多饮些茶，茶叶中的茶多酚等活性物质会有利于吸收与抵抗放射性物质，还有一种是不常喝茶常用电脑的人中有83%感到眼睛疲劳，64%经常感到肩酸腰痛，另外，不少人出现流泪、食欲不振、咽喉痛、咳嗽、胸闷等症状，甚至行动迟缓，记忆力衰退。电脑辐射不仅危害人的健康，而且影响到工作的质量和效率。对于生活紧张而忙碌的人群来说，抵御电脑辐射最简单的办法就是在每天上午喝2～3杯绿茶，吃一个橘子。茶叶中含有丰富的维生素A原，它被人体吸收后，能迅速转化为维生素A。维生素A不但能合成视紫红质，还能使眼睛在暗光下看东西更清楚，因此，绿茶不但能消除电脑辐射的危害，还能保护和提高视力。如果不习惯喝绿茶，菊花茶同样也能起到抵抗电脑辐射和调节身体功能的作用。

此外，在操作电脑后，脸上会吸附不少电磁辐射的颗粒，要及时用清水洗脸，这样将使所受辐射减轻70%以上。

被动防护法，就是除了改善工作环境和注意使用方法外，采取给经常接触和操作电脑的人员配备防辐射服、防辐射屏、防辐射窗帘、防辐射玻璃等措

施，以减少或杜绝电磁辐射的伤害；主动防护法，则是从电脑电磁辐射的"源头"——显示器和机箱等部件下手，将其消灭或屏蔽。选购市面上实力厂家推出的符合"绿色电脑"标准的产品；二是自己动手做，即选购通过各种认证标准的"绿色"电脑配件，打造自己的健康电脑。

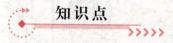

知识点

滤色镜

　　滤色镜通常是由有色光学或有色化学胶膜制成。使用时将它装置在镜头前或镜头后，用它来调节景物的影调与反差，使镜头所摄取的景物的影调与人的眼睛所感受的程度相近似，也可以通过滤色镜来获得某种特定的艺术效果。滤色镜在摄影创作、印刷制版、彩色摄影及放大和各种科技摄影中被广泛利用。

　　各种滤色镜的不同颜色，是由各种不同的色素构成的。同一色素的密度不一样，所形成的同一颜色的深浅浓淡也各不相同。按色素的区别，常用的滤色镜可分为黄、黄绿、橙、红、绿、蓝多种。每种颜色的滤色镜，通常用阿拉伯数字标定滤色镜的色素密度，这就是滤色镜的号数。

　　不同颜色的滤色镜对各种色光的通过率也不相同。同一种颜色的滤色镜，其颜色的浓淡程度不同，对色光吸收和通过程度也有区别，颜色深的吸收多通过少，颜色淡的吸收少通过多。

延伸阅读

水污染

　　水污染是指被任何进入水体的物质，造成水中生态环境变化的状态。1984年颁布的《中华人民共和国水污染防治法》中为"水污染"下了明确的定义，即水体因某种物质的介入，而导致其化学、物理、生物或者放射性等方面特征的改变，从而影响水的有效利用，危害人体健康或者破坏生态环境，造成水质恶化的现象称为水污染。

水中的污染物通常可分为三大类，即生物性、物理性和化学性污染物。生物性污染物包括细菌、病毒和寄生虫；物理性污染物包括悬浮物、热污染和放射性污染；化学性污染物包括有机和无机化合物。

水污染物有多种来源，主要分为自然产生的和人为产生的两种。

自然产生的污染，如森林落叶落花，暴雨冲刷造成的污泥流入，火山喷发的熔岩和火山灰，矿泉带来的可溶性矿物质，温泉造成的温度变化等。

人为产生的污染要复杂得多，其中工业由于采矿和生产制造，排出含有毒的重金属或难分解的化学物质，农业使用的农药和化肥，这些物质流入水体都会迅速杀死所有水生生物，并且使水体无法恢复正常状态。

除了工农业污染物外，随着人口增加，人类生活用水也增加了排放量，如洗澡、厨房、厕所等，这类水虽然不含有毒物质，但含有大量含氮、磷的植物营养物质，造成水体成为缺氧状态，藻类死亡还产生有毒物质，致使水中鱼类大量死亡。在海水中一般迅速繁殖的藻类是红色的，因此叫"赤潮"，在淡水中的藻类可能有各种颜色，所以叫"水华"。水体出现赤潮和水华都表明是污染状态。

脑电磁波与人们疾病的关系

世间所有生物的个体是个内宇宙，自然界是外宇宙，都是开放复杂的巨系统，相互发生信息和能量，都是一个复杂的加工厂，从外宇宙摄取食物与能量，内宇宙系统分泌各种化学物质进行排毒与解毒，实现一个动态平衡的过程。

现有科学的很多成果都是相对论，比如说毒素，很多的研究都是以人的生命体作为研究的对象，对人体伤害越强，我们认为其毒性也就越大。例如科教片《动物与植物大战》，当植物感应到被其他生物入侵、咀嚼吞食其根系与枝叶时，植物体会快速分泌毒素，散布到所有的根系与枝叶上，让入侵者中毒或

自动离开，入侵生物在感知毒素后，要么离开，要么会立即调整内分泌系统，配制相应的解药，进行解毒与排毒，继续摄取食物补充自身能量。再例如含羞草科的植物，在感应有生物入侵后，会将枝叶关闭或树干发生抖动，以此来惊吓入侵者，让其自动离开。

世间所有生物都有各自的感知系统，从内宇宙和外宇宙感应收集各种信息，将所有信息汇总，作出相应的决策，调动和调节各单位密切合作，共同应对内宇宙和外宇宙的变化，实现动态平衡。这也就不难解释为什么在大灾大难面前，有很多生物提前发出信息，做出很多人类认为异常的举动，它们之所以有这样的举动，是因为它们已经感应到将要发生什么样的灾难，自己必须逃离家园，到空旷的地方，等待灾难的降临。所有生物体的感知存在很大的差异，人类之所以没有在灾难之前作出反应，那是因为人类已经没有这方面的感知能力，或这方面的感知能力已经退化。人类在漫长的岁月中积累了大量的智慧，使人类的生存环境和生活质量得到很大的改善与提高，正因为生活条件的优越，更让人类失去对自然界的警觉，无视自然界其他生物的异常举动，这应该是人类无法应对自然灾害的主要原因之一吧！

从上述的观点我们可以得出这样的结论，人类摄取的所有食物都是有毒的，人的内分泌系统是一个复杂的加工厂，根据感知系统传回的信息，实时调整内分泌系统，配制相应的解毒与排毒物质，由各个分系统各司其职，进行解毒与排毒过程，实现一个动态平衡，保持人体的健康状态。

人体执行这一复杂过程的发号施令者是谁？这个发号施令者就是意识与脑电磁波。

意识与脑电磁波支配大脑，实时调节人体的内分泌系统，使人体处于平衡状态。当这一平衡被打破的时候，会导致内分泌系统功能紊乱。在内分泌系统功能紊乱情况下，同时发生两种异常情况：①人体摄取的所有物质都是有毒的，在内分泌系统紊乱的情况下，内分泌系统分泌的某些物质不足以解毒与排度，长期积累造成食物毒素沉积；②在内分泌系统紊乱的情况下，分泌过剩的物质对人体同样有毒，长期积累造成毒素沉积。内因外患相互作用，造成人体的病理状态，这一状态的潜伏期很长，人的体质会随毒素沉积的程度不同而逐渐发生变化，引起各种生理性疾病。随着时间的推移，沉积毒素在多种诱因下，导致组织细胞发生基因变异，甚至发展成为肿瘤细胞，良性的肿瘤细胞疯狂地吸取人体营养物质，快速生长；恶性的肿瘤细胞不会快速生长，但在特定的环境下会再次发生基因突变，形成癌细胞，癌细胞极具扩散性，通过血液循环扩散到人体的所有脏器，进行疯狂的破坏活动。人体的免疫系统跟人的情志有很大的关系，很多人就是因为对癌症的恐惧，精神崩溃，免疫力急剧下降，在被诊断出是癌症后很短的时间就离开人世。但也有很多被认为是医学奇迹的人坚强地存活了下来。要是大家有兴趣的话，可以去调查和了解这些被认为是医学奇迹的人，他（她）们都有一个共同的特点，在发现自己被确诊为癌症以后，他（她）们反而比以前更豁达，更乐观，坚持锻炼，保持心情的愉悦，人体的免疫功能不断增强，最终战胜了被认为是绝症的癌变病毒细胞。

通过上述的分析，我们不难看出，导致人体疾病的罪魁祸首是意识与脑电磁波。原因很简单，它没有很好地履行自己的职责，错误的指令，导致内分泌系统功能紊乱，人体长期处在内忧外患下，产生各种生理疾病。那么谁又是导致意识与脑电磁波紊乱的元凶，让大脑发出错误的指令的呢？那就需要我们如何正确地认识与应用脑电磁波。目前很多国家对意识与脑电磁波都有一些研究，尤其是发达国家，但基本都处在初级阶段，还谈不上如何应用脑电磁波对人体进行病理性治疗。我们现阶段需要做的工作，就是如何正确认识脑电磁波这一客观存在的物理现象，研究和分析导致意识与脑电磁波发生紊乱的原因，找出致病的元凶，正确引导人们迈向健康、快乐、长寿的大门。

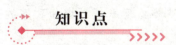

知识点

含羞草为什么会"害羞"

含羞草的叶柄基部有一个膨大的器官叫"叶枕"，叶枕内生有许多薄壁细胞，这种细胞对外界刺激很敏感。一旦叶子被触动，刺激就立即传到叶枕，这时薄壁细胞内的细胞液开始向细胞间隙流动而减少了细胞的膨胀能力，叶枕下部细胞间的压力降低，从而出现叶片闭合、叶柄下垂的现象。经过1～2分钟细胞液又逐渐流回叶枕，于是叶片又恢复了原来的样子。

含羞草的叶子之所以会出现上述现象，是一种生理现象，也是含羞草在系统发育过程中对外界环境长期适应的结果。因为，含羞草原产于热带地区，那里多狂风暴雨，当暴风吹动小叶时，它立即把叶片闭合起来，保护叶片免受暴风雨的摧残，因而逐渐形成了这一生理现象。

延伸阅读

电磁波过敏症

电磁波过敏症是指长期暴露在电磁波环境中所造成的神经过敏的症状，其症状包含头痛、眼睛灼热、头晕、呕吐、皮疹、身体虚弱、关节肌肉疼痛、耳鸣、麻痹、脸肿胀、疲劳、下腹收缩痛、心律不齐、心脏跳动不规则、呼吸困难等，另外更严重的可能会引起脑卒中、沮丧、慌张、精神涣散、平衡感失调、抽筋、记忆力减退、浅眠等症状。

大部分的人体内都有致癌的细胞持续地发展，而这些细胞正破坏我们的免疫系统，而有数据不断地显示：只要暴露在电磁波环境中几分钟，就会将原本有的5%致癌因子提升到95%。长期暴露在电磁波环境中，轻者会引起头晕目眩、记忆力减退、耳鸣等现象，重者会破坏免疫系统，增加致癌的概率。

不管电磁波照射人体全部还是部分，都会因为热作用的关系使人体全部或部分体温上升，通常人体内的血流会起到扩散排出热能的作用，但眼球部分很难由血流来排出热能，所以容易产生白内障。

夏季如何防紫外线？

远离强紫外线

正午的时候，请远远离开太阳的直接照射，每天早上10点到下午2点，太阳所发出的紫外线被大气层过滤掉的比率最小，所以紫外线的强度是一天当中最强的。因此，不管是学校老师或是家长，在替小朋友规划户外活动时，最好能够避开这段时间，大人也应该少在这一段时间外出。

选择防晒霜的 SPF 值和 PA

一般夏天的早晚、阴雨天，SPF 指数低于 8 的产品即可；中等强度阳光照射下，指数达 8～15 较好；在强烈阳光直射下，指数应大于 15。除了 SPF 指数，还要注重能阻挡肌肤晒黑的 PA，一般选择 PA＋就可以。

正确使用防晒霜

出门前 10 分钟涂抹防晒霜，并达到每平方厘米 2 毫克的涂抹量，效果最好。使用防晒霜前先清洁皮肤；如果是干性皮肤，适当抹一点润肤液。涂防晒霜时，不要忽略了脖子、下巴、耳朵等部位。在阳光猛、曝晒时间长的日子里，每两个小时补擦一次防晒霜。即使做好了防晒措施，但如果阳光很强烈，夜里最好还要使用晒后护理品。

穿戴要讲究

外出时穿着可以防御紫外线的衣物，最好穿着浅色的棉、麻质地服装。不管是何种质地，只要纱织细密，达到一定厚度，就可以遮挡紫外线。选择宽沿帽，除了可以保护脸部，还可一并将耳朵和后面的脖子部位遮蔽。给自己选择一款具有能防紫外线功能的墨镜。墨镜以中性玻璃、灰色镜片最佳，过深的墨镜反而容易让眼睛接受更多的紫外线，不是正确的选择。

儿童也要防晒

如果你的孩子未满 6 个月，最好的办法是夏天不要让他直接暴露在太阳下。如果确实需要外出，最好穿戴上适合的衣服和帽子，并且使用遮阳伞。6 个月以后，就可以全身涂防晒霜了，阳光容易晒到的部位如耳朵、鼻子、颈背和肩膀要多涂一些。

如何防止电气火灾事故，发生火灾后怎么办

首先，在安装电气设备的时候，必须保证质量，并应满足安全防火的各项要求。要用合格的电气设备，破损的开关、灯头和破损的电线都不能使用，电线的接头要按规定连接法牢靠连接，并用绝缘胶带包好。对接线桩头、端点的接线要拧紧螺丝，防止因接线松动而造成接触不良。电工安装好设备后，并不意味着可以一劳永逸了，用户在使用过程中，如发现灯头、插座接线松动

（特别是移动电器插头接线容易松动），接触不良或有过热现象，要找电工及时处理。

其次，不要在低压线路和开关、插座、熔断器附近放置油类、棉花、木屑、木材等易燃物品。

电气火灾前，都有一种前兆，要特别引起重视，就是电线因过热首先会烧焦绝缘外皮，散发出一种烧胶皮、烧塑料的难闻气味。所以，当闻到此气味时，应首先想到可能是电气方面原因引起的，如查不到其他原因，应立即拉闸停电，直到查明原因，妥善处理后，才能合闸送电。

万一发生了火灾，不管是否是电气方面引起的，首先要想办法迅速切断火灾范围内的电源。因为，如果火灾是电气方面引起的，切断了电源，也就切断了起火的火源；如果火灾不是电气方面引起的，也会烧坏电线的绝缘，若不切断电源，烧坏的电线会造成碰线短路，引起更大范围的电线着火。发生电气火灾后，应使用盖土、盖沙或灭火器，但绝不能使用泡沫灭火器，因此种灭火剂是导电的。